Informatik-Fachberichte 166

Herausgegeben von W. Brauer
im Auftrag der Gesellschaft für Informatik (GI)

K. Hörmann

Kollisionsfreie Bahnen für Industrieroboter

Ein Planungsverfahren

Springer-Verlag
Berlin Heidelberg New York
London Paris Tokyo

Autor

K. Hörmann
Universität Karlsruhe
Institut für Prozeßrechentechnik und Robotik
Postfach 6980, 7500 Karlsruhe 1

CR Subject Classifications (1987): F.2.2, I.2.8-9, I.3.5

ISBN-13:978-3-540-18978-7   e-ISBN-13:978-3-642-73444-1
DOI: 10.1007/978-3-642-73444-1

CIP-Titelaufnahme der Deutschen Bibliothek
Hörmann, Klaus:
Kollisionsfreie Bahnen für Industrieroboter : e. Planungsverfahren /
K. Hörmann. – Berlin; Heidelberg; New York; Tokyo: Springer, 1988
    (Informatik-Fachberichte; 166)
    Zugl.: Karlsruhe, Univ., Diss., 1987
    ISBN-13:978-3-540-18978-7 (Berlin ...) brosch.

NE: GT

2145/3140–543210

Vorwort

Die vorliegende Arbeit ist eine überarbeitete Fassung meiner von
der Fakultät für Informatik der Universität Fridericiana zu
Karlsruhe genehmigten Dissertation mit dem Titel "Ein Verfahren
zur Planung kollisionsfreier Bahnen für Industrieroboter". Sie
entstand während meiner Tätigkeit als wissenschaftlicher
Angestellter am Institut für Prozeßrechentechnik und Robotik in
der Forschungsgruppe von Herrn Prof. Dr.-Ing. U. Rembold.

Meinem Doktorvater, Herrn Prof. Dr.-Ing. U. Rembold, danke ich
recht herzlich für die weit über das Fachliche hinaus reichende
Unterstützung. Das Arbeitsklima und die hervorragende
Ausstattung des Instituts für Prozeßrechentechnik und Robotik
haben wesentlich zum Gelingen dieser Dissertation beigetragen.

Herrn Prof. Dr.rer.nat. A. Schmitt (Institut für Betriebs- und
Dialogsysteme) danke ich sehr für die Übernahme des Korreferats
und die damit verbundenen wertvollen Diskussionen, für die er
trotz extremer Zeitnot kurz vor der Übernahme des Dekanats immer
Zeit fand.

Meinen Kollegen danke ich sehr für die fachlichen Diskussionen
und das Lesen und Kommentieren von Entwurfsfassungen dieser
Arbeit. Insbesondere gilt mein Dank Herrn S. Abramowski vom
Institut für Betriebs- und Dialogsysteme und den Herren B.
Hornung, N.M. Le und V. Turau vom Institut für Prozeß-
rechentechnik und Robotik.

Den Studenten R. Elxnath, R. Sperl, H. Wildner und H. Zeidler
danke ich recht herzlich für die enorme Arbeit der Implementierung
des Verfahrens. Die damit verbundenen Diskussionen und
Anregungen waren äußerst gewinnbringend.

Ganz besonderer Dank aber gilt meiner Frau Monika, die in der
Endphase dieser Arbeit viele Entbehrungen auf sich nehmen mußte
und trotz der bevorstehenden Geburt unseres ersten Kindes das
notwendige Klima für die intensive geistige Arbeit zu schaffen
wußte.

Karlsruhe, im Dezember 1987   Klaus Hörmann

Inhaltsverzeichnis

Liste der häufigsten Symbole

Symbol	Bedeutung	definiert in ...
(a)	Abkürzung für den kinematischen Zustand above	Def. 2.3.1
A_Z	Arbeitsraum des Roboterarms für den kinematischen Zustand Z	Def. 3.3.2
(b)	Abkürzung für den kinematischen Zustand below	Def. 2.3.1
B	Basiskoordinatensystem des Roboters	Kap. 6.1
B_{f1ij}	Bildbereich der Funktion f_{1ij}	Def. 5.2.2
B_{f2ij}	Bildbereich der Funktion f_{2ij}	Def. 5.2.2
B_{g1ij}	Bildbereich der Funktion g_{1ij}	Def. 5.2.3
B_{g2ij}	Bildbereich der Funktion g_{2ij}	Def. 5.2.3
c_{ffi}	Strecke zwischen v_{fi} und J'_f	Kap. 2.2
c_{fwi}	Strecke zwischen v_{fi} und J_w	Kap. 2.2
c_{ijk}	Kubus	Def. 3.1.1
c_{ufi}	Strecke zwischen v_{ui} und J_f	Kap. 2.2
c_{uui}	Strecke zwischen v_{ui} und J_u	Kap. 2.2
C	Kreis, auf dem sich J'_f bewegt	Def. 5.2.1
D_{f1ij}	Definitionsbereich der Funktion f_{1ij}	Def. 5.2.2
D_{f2ij}	Definitionsbereich der Funktion f_{2ij}	Def. 5.2.2
$D_{f'ij}$	Definitionsbereich der Funktion f'_{ij}	Def. 5.2.5
D_{g1ij}	Definitionsbereich der Funktion g_{1ij}	Def. 5.2.3
D_{g2ij}	Definitionsbereich der Funktion g_{2ij}	Def. 5.2.3
$D_{g'ij}$	Definitionsbereich der Funktion g'_{ij}	Def. 5.2.6
e^a_{f1ij}	Kante von B_{f1ij}	Def. 5.2.7
e^a_{f2ij}	Kante von B_{f2ij}	Def. 5.2.8
e^a_{g1ij}	Kante von B_{g1ij}	Def. 5.2.9
e^a_{g2ij}	Kante von B_{g2ij}	Def. 5.2.10
e^b_{f1ij}	Kante von B_{f1ij}	Def. 5.2.7
e^b_{f2ij}	Kante von B_{f2ij}	Def. 5.2.8
e^b_{g1ij}	Kante von B_{g1ij}	Def. 5.2.9
e^b_{g2ij}	Kante von B_{g2ij}	Def. 5.2.10
e^c_{f1ij}	Kante von B_{f1ij}	Def. 5.2.7
e^c_{f2ij}	Kante von B_{f2ij}	Def. 5.2.8
e^c_{g1ij}	Kante von B_{g1ij}	Def. 5.2.9
e^c_{g2ij}	Kante von B_{g2ij}	Def. 5.2.10

L_{xij}	Gittergerade des Kubusraums parallel zur x-Achse	Def. 3.1.1
L_{yij}	Gittergerade des Kubusraums parallel zur y-Achse	Def. 3.1.1
L_{zij}	Gittergerade des Kubusraums parallel zur z-Achse	Def. 3.1.1
m_{fi}	Lotpunkt von J'_f auf e_{fi}	Kap. 2.2
m_{ui}	Lotpunkt von J_u auf e_{ui}	Kap. 2.2
n_{pl}	Anzahl der Kubusraumebenen in einem x-, y- oder z-Halbraum	Def. 3.1.1
$\vec{n}_x$	Normaleneinheitsvektor der x-Achse	Def. 3.1.1
$\vec{n}_y$	Normaleneinheitsvektor der y-Achse	Def. 3.1.1
$\vec{n}_z$	Normaleneinheitsvektor der z-Achse	Def. 3.1.1
O	Hindernisobjekt	Kap. 2.1
pd_{fi}	Strecke zwischen m_{fi} und J'_f	Kap. 2.2
pd_{ui}	Strecke zwischen m_{ui} und J_u	Kap. 2.2
Pl_{xi}	Kubusraumebene mit Normaler parallel zur x-Achse	Def. 3.1.1
Pl_{yi}	Kubusraumebene mit Normaler parallel zur y-Achse	Def. 3.1.1
Pl_{zi}	Kubusraumebene mit Normaler parallel zur z-Achse	Def. 3.1.1
(r)	Abkürzung für den kinematischen Zustand righty	Def. 2.3.1
r_c	Radius des den Arbeitsraum begrenzenden Zylinders	Kap. 3.3
r_s	Radius der den Arbeitsraum begrenzenden Kugel	Kap. 3.3
$se_{fi,i}$	Geradensegment zwischen v_{fi} und m_{fi}	Def. 5.2.1
$se_{fi,i+1}$	Geradensegment zwischen m_{fi} und v_{fi+1}	Def. 5.2.1
T_{ijk}	Translation zum Mittelpunkt des Kubus c_{ijk}	Kap. 6.1
v_{fi}	Eckpunkt des Oberarms	Kap. 2.2
v_{oi}	Eckpunkt eines Hindernisses O mit Index i	Kap. 2.1
v_{ui}	Eckpunkt des Unterarms	Kap. 2.2
Z	kinematischer Zustand des Arms	Def. 2.3.1
α_{fi}	Winkel zwischen e_{fi} und c_{ffi}	Kap. 2.2
α'_{fi}	Winkel zwischen e_{fi} und c_{fwi}	Kap. 2.2
α_{ui}	Winkel zwischen e_{ui} und c_{uui}	Kap. 2.2
α'_{ui}	Winkel zwischen e_{ui} und c_{ufi}	Kap. 2.2
β_{fi}	Winkel zwischen e_{fi-1} und c_{ffi}	Kap. 2.2
β'_{fi}	Winkel zwischen e_{fi-1} und c_{fwi}	Kap. 2.2
β_{ui}	Winkel zwischen e_{ui-1} und c_{uui}	Kap. 2.2
β'_{ui}	Winkel zwischen e_{ui-1} und c_{ufi}	Kap. 2.2
γ_{fi}	Winkel zwischen $\overline{J_f J_w}$ und c_{ffi}	Kap. 2.2
γ_{ui}	Winkel zwischen $\overline{J_u J_f}$ und c_{uui}	Kap. 2.2
$\kappa(p,\phi,l)$	Endpunkt eines Vektors mit Anfangspunkt p, Länge l und Winkel ϕ zur Abszisse	Def. A.4
Φ_{1ij}	Winkelintervall zwischen e_{fi} und c_{ffi}	Def. 5.2.2

Φ_{2ij}	Winkelintervall zwischen c_{ffi} und e_{fi}	Def. 5.2.2
Ψ_{ij}	Winkelintervall zwischen e_{oj-1} und c_{ffi}	Def. 5.2.3
$\Theta_{1..6}$	Gelenkwinkel des Roboters	Kap. 2.2/2.3
$\Omega(p_1,p_2)$	Winkel zwischen $\vec{p}_2-\vec{p}_1$ und der Abszisse	Def. A.1
$(+)$	Symbol für Winkeladdition	Def. A.2
$(-)$	Symbol für Winkelsubtraktion	Def. A.2
$(>)$	Vergleichsoperator für Winkel	Def. A.3
$(\geq)$	Vergleichsoperator für Winkel	Def. A.3
$(<)$	Vergleichsoperator für Winkel	Def. A.3
$(\leq)$	Vergleichsoperator für Winkel	Def. A.3

1. Einführung

1.1 Problemstellung und Abgrenzung

Eines der Kerngebiete der Forschung in der Robotik ist die Entwicklung sogenannter *impliziter Programmiersysteme* (*Task-level Programming Systems*). Solche Systeme erlauben es, Roboterbewegungen *implizit* durch

— aufeinanderfolgende Zustände in einem Weltmodell (d.h. in eher deklarativer Form)

oder durch

— sehr mächtige Aktionsanweisungen (d.h. in eher prozeduraler Form)

zu beschreiben. Man nennt diese Form der Programmierung auch aufgabenorientierte Programmierung, da der Abstraktionsgrad der Programmierung vom Niveau her mehr an der Aufgabe orientiert ist als an den Roboterbewegungssequenzen zur Lösung der Aufgabe. Ein Beispiel einer solchen impliziten Spezifikation könnte in etwa so aussehen :

"Verbinde Teil A an Fläche a mit Fläche b von Teil B"

Eine explizite Lösungssequenz zur Lösung dieser Aufgabe wäre dann z.B.:

Bewege Roboter in die Nähe von A
Fahre in die Greifposition
Schließe Greifer
Bewege Roboter vorsichtig ein Stück weg und trenne dabei A von seiner Umgebung
Bewege Roboter in die Nähe von B
usw.

Außer der Aufgabenbeschreibung steht dabei noch eine geometrische Beschreibung der zu handhabenden Teile, des Roboters, des Greifers und der Umgebung zur Verfügung. Bei der zu planenden Bewegungsfolge lassen sich drei Bewegungstypen unterscheiden [Hoermann 85a] :

— Greifen bzw. Loslassen eines Objekts mit dem am Roboter montierten Greifer. Dazu gehört sowohl die Auswahl eines sicheren Griffs, d.h. der geometrischen Relation der Greifbacken zum gegriffenen Objekt, als auch die Planung der Bewegung, um die Greifbacken entsprechend zu positionieren und zu orientieren. Dabei sind Kollisionen zwischen Greifer und Roboterarm mit Objekten der Umgebung zu vermeiden.

— Verbinden bzw. Trennen eines gegriffenen Objekts mit bzw. von anderen Objekten. Dieser Bewegungstyp (sog. *fine motion* oder Feinbewegung) ist gekennzeichnet durch den Kontakt bzw. Beinahe-Kontakt des gegriffenen Objekts mit anderen Objekten. Häufig sind enge Toleranzen bei der Zielverbindung zu erfüllen. Bei diesem Bewegungstyp werden sensorüberwachte und/oder sensorgeregelte (z.B. kraftgeregelte) Bewegungen

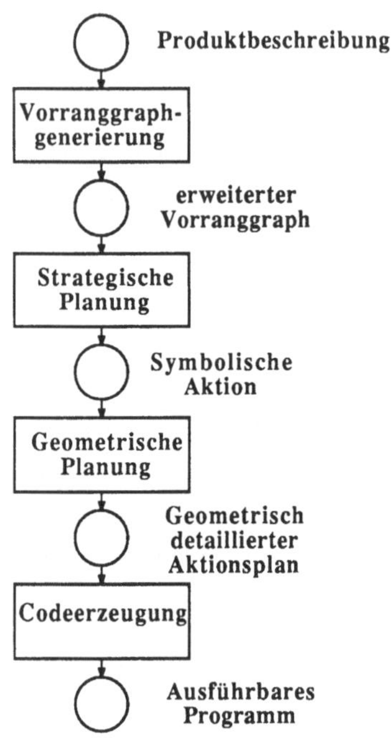

Abb. 1.1.1 : Überblick über die Planungsebenen des Aktionsplanungssystems für Montageroboter

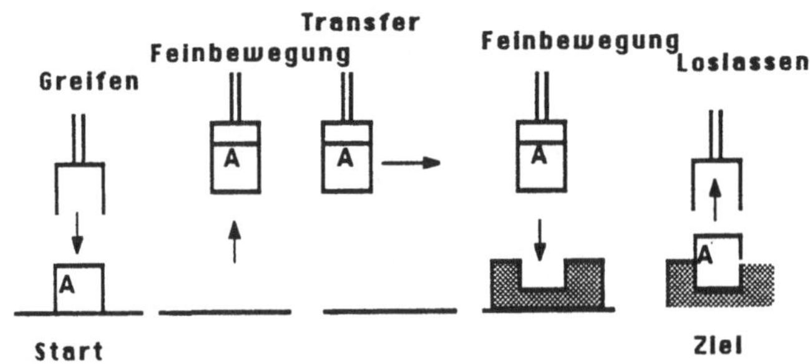

Abb. 1.1.2 : Bewegungsablauf für eine Pick and Place Operation

eingesetzt. Es sind gleichfalls Kollisionen zwischen gegriffenem Objekt, Greifer und Roboter .rm mit Objekten der Umgebung zu vermeiden.

— Transportieren eines gegriffenen Objekts bzw. des Greifers von einer Position und Orientierung in eine andere (sog. *gross motion* oder *transfer motion*). Im Vergleich zu den beiden anderen Bewegungsarten liegen höhere Ausführungsgeschwindigkeiten und geringere Genauigkeitsanforderungen vor. Die Anzahl der Bewegungsfreiheitsgrade (bezogen auf den Greifer bzw. das Objekt) ist aber mindestens genauso hoch wie bei den beiden anderen Bewegungsarten. So sind z.B. in der automatischen Montage in der Regel sechs Freiheitsgrade notwendig. Hauptkriterium bei der Planung ist, daß keine Kollisionen zwischen Arm, Greifer und Objekt mit Objekten der Umwelt geschehen.

Bei dem derzeit entwickelten Aktionsplanungssystem für Montageroboter ([Frommherz 86a], [Frommherz 86b]) kann man verschiedene Planungsebenen unterscheiden (siehe Abb. 1.1.1), von denen eine die geometrische Planungsebene ist. Bei der geometrischen Planung wird für eine sog. *Pick and Place* Operation eine ausführbare Bewegungssequenz geplant, die aus den Bewegungstypen Greifen, Feinbewegung, Transferbewegung, Feinbewegung und Loslassen besteht (siehe Abb. 1.1.2).

Gegenstand dieser Arbeit ist ein Verfahren zur Planung kollisionsfreier Bahnen für Industrieroboter, das in dem genannten Aktionsplanungssystem zur Planung von Montagevorgängen eingesetzt werden soll. Daraus resultieren die folgenden Anforderungen :

— Das Verfahren soll Bewegungen des Greifers bzw. des gegriffenen Objekts mit sechs Freiheitsgraden planen können.

— Das Verfahren soll für die Klasse von Industrierobotern konzipiert werden, mit denen der Prototyp des impliziten Programmiersystems erprobt werden soll. Es handelt sich dabei um Montageroboter mit sechs Drehgelenken des Typs PUMA (^{TM} Unimation, Inc.). Viele Roboter anderer Hersteller sind in Geometrie und Kinematik diesem klassischen Typ eines Montageroboters nachempfunden.

— Das Verfahren soll zu den parallel entwickelten Verfahren zur Greifplanung [Hoermann 86c] und zur Feinbewegungsplanung [Le 87] passen. Darunter ist folgendes zu verstehen : sowohl die Greifbewegungen als auch die Feinbewegungen benötigen ja auch den Roboterarm zur Ausführung der Bewegung. Bei der Planung dieser Bewegungen müssen daher auch mögliche Kollisionen des Roboterarms mit der Umgebung berücksichtigt werden. Das zu entwickelnde Verfahren muß daher Daten in einer Form liefern können, die es der Greifplanung und der Feinbewegungsplanung erlauben, dieser Anforderung Rechnung zu tragen.

Es wird außerdem davon ausgegangen, daß die Geometrie der Umwelt a priori vollständig bekannt ist und daß die Objekte der Umwelt statisch sind, d.h. daß sie ihre Position und Orientierung nicht dynamisch ändern.

1.2 Stand der Forschung

Bahnplanungsverfahren (sog. *Find-Path*-Verfahren) gehören in die Gruppe der geometrischen Planungsverfahren. Sie behandeln das Problem, für ein Objekt einen kollisionsfreien Weg zwischen Hindernissen zu suchen. Dieses Problem ist auch als *Mover's Problem* bekannt. Beim Mover's Problem unterscheidet man hauptsächlich drei verschiedene Typen:

— Das klassische *Movers' Problem* ([Ignat'yev 73], [Udupa 77], [Lozano-Perez 79], [Reif 79], [Schwartz 83a]), auch *Piano Mover's Problem* genannt, besteht darin, für ein Objekt einen kollisionsfreien Weg zwischen Hindernisobjekten zu finden. Verfahren dieser Art können sowohl zur Planung von Feinbewegungen (z.B. [Lozano-Perez 83a]) als auch zur Bahnplanung für mobile Roboter (z.B. [Soetadji 86]) verwendet werden.

— Beim *Multiple Objects Mover's Problem* besteht das gleiche Problem für mehrere bewegliche Objekte ([Schwartz 83c], [Erdmann 86]). Es müssen sowohl Kollisionen der beweglichen Objekte untereinander als auch mit den statischen Objekten berücksichtigt werden. Anwendungen dieser Verfahren gibt es z.B. in der Robotik, wenn mehrere Roboter gleichzeitig bewegt werden sollen, oder z.B. in der Koordinierung der Landeanflüge mehrerer Flugzeuge, usw.

— Beim *Linked Bodies Mover's Problem* sind darüber hinaus die beweglichen Objekte untereinander durch rotatorische und/oder translatorische Gelenke verbunden ([Hopcroft 82], [Schwartz 83b]). Eine typische Anwendung ist die Bahnplanung für einen Industrieroboter.

Die Bahnplanung für Industrieroboter ist abgegrenzt von dem einfacheren Problem der *Kollisionserkennung* (z.B. [Canny 84], [Culley 86], [Hayward 86], [Smith 85]) und der *online Kollisionsvermeidung* (z.B. [Freund 84], [Khatib 78], [Krogh 83]). Bei der Kollisionserkennung interessiert lediglich, ob eine vorgegebene Bahn kollisionsfrei ist oder nicht. Bei der online Kollisionsvermeidung besteht die Aufgabe, eine bereits geplante Bewegungsbahn aufgrund dynamisch auftauchender Hindernisse zu modifizieren. Mit ein Schwerpunkt bei diesen Verfahren ist daher die Methode zur Erkennung von Hindernissen mit Hilfe von Sensoren. Die dabei eingesetzten Bahnplanungsmethoden zur Modifikation der bisherigen Bewegungsbahn sind aus Effizienzgründen eher heuristischer Natur und versagen in schwierigeren Fällen.

[Reif 79], [Hopcroft 82] und [Schwartz 83b] haben gezeigt, daß das *Linked Bodies Mover's Problem* in polynomialer Zeit gelöst werden kann. [Schwartz 83b] zeigte die Existenz eines Algorithmus mit einer maximalen Laufzeit von

$$O(n^{2^{d+6}}) \, ,$$

wobei n polynomial von der Zahl der Hindernisflächen in der Umgebung abhängt und d die Anzahl der Freiheitsgrade ist. Für sechs Freiheitsgrade z.B. wird dieser Ausdruck zu $O(n^{4096})$.

Die Bedeutung dieses Algorithmus liegt demnach mehr in seiner Existenz als in seiner praktischen Anwendbarkeit.

Für die praktische Anwendung hingegen gibt es eine Reihe von praktikablen Algorithmen. Man kann dabei zwischen *lokalen* und *globalen* Methoden unterscheiden.

Globale Methoden verwenden eine globale Sicht des Problems zur Wegsuche. Hierzu wird zunächst ein sog. *Konfigurationsraum* (*Configuration space, C-space*) berechnet, in dem dann die Wegsuche durchgeführt wird. Unter der *Konfiguration* eines beweglichen Objekts versteht man eine Menge von Parametern, die vollständig und eindeutig die Positionen aller Punkte des Objekts spezifizieren. Diese Parameter spannen den Konfigurationsraum des Objekts auf. Ein Punkt in diesem Konfigurationsraum bestimmt also eine Konfiguration des Objekts. Ein typischer Konfigurationsraum ist beispielsweise der Raum, der von den Gelenkwinkeln eines Industrieroboters gebildet wird.

Ein Hindernis O_i im Arbeitsraum des Roboters entspricht nun einem Hindernis O^C_i im Konfigurationsraum des Roboters. Ein Punkt in einem solchen O^C_i entspricht dann einer Konfiguration des Roboters, in der der Roboter mit O_i kollidiert. Den Raum außerhalb der O^C_i bezeichnet man auch als Konfigurationsfreiraum oder kurz Freiraum.

Das Problem kann nun so formuliert werden :
Gegeben sind eine kollisionsfreie Anfangskonfiguration K_A und eine kollisionsfreie Zielkonfiguration K_Z. Gesucht ist ein Weg W durch den Freiraum von K_A nach K_Z. W besitzt also die folgende Eigenschaft : jede Konfiguration K_j auf W ist kollisionsfrei, d.h. $K_j \cap O^C_i = \emptyset$ ($\forall$ i=1..n, $\forall$ $K_j \in$ W).

Existierende C-Space Verfahren für Roboter mit rotatorischen Gelenken (z.B. [Lozano-Perez 80a], [Faverjon 84], [Gouzenes 84], [Hasegawa 85], [Laugier 85], [Lozano-Perez 85], [Lozano-Perez 87]) verwenden durchweg den Gelenkparameterraum des Roboters als Konfigurationsraum. Sie unterscheiden sich hauptsächlich in der Güte der Approximation der Konfigurationsraumhindernisse und in der Anzahl der bei der Wegsuche berücksichtigten Freiheitsgrade.

Im folgenden wird exemplarisch das Verfahren von [Lozano-Perez 85] bzw. [Lozano-Perez 87] vorgestellt.

Bei diesem Verfahren wird ein n-dimensionales Konfigurationsraumhindernis O^C durch die Vereinigung n-1-dimensionaler Ausschnittsprojektionen angenähert (sog. *slice projection*). Seien q_i (i $\in$ {1...n}) die Gelenkparameter und [α,β] ein Intervall für einen Parameter q_j. Eine Ausschnittprojektion ist nun folgendermaßen definiert :
Liegt irgendeine der Konfigurationen zwischen $(q_1,..,q_{j-1},\alpha,..q_n)$ und $(q_1,..,q_{j-1},\beta,..q_n)$ in O^C, dann liegt die n-1 Konfiguration $(q_1,..,q_{j-1},q_{j+1},..q_n)$ in der Ausschnittprojektion von O^C für [α,β]. Eine Konfiguration in einer Ausschnittprojektion steht demnach für einen ganzen

Bereich von höherdimensionalen Konfigurationen, von denen zumindest eine in O^C ist. Diese Definition führt also zu einer konservativen Approximation von O^C.

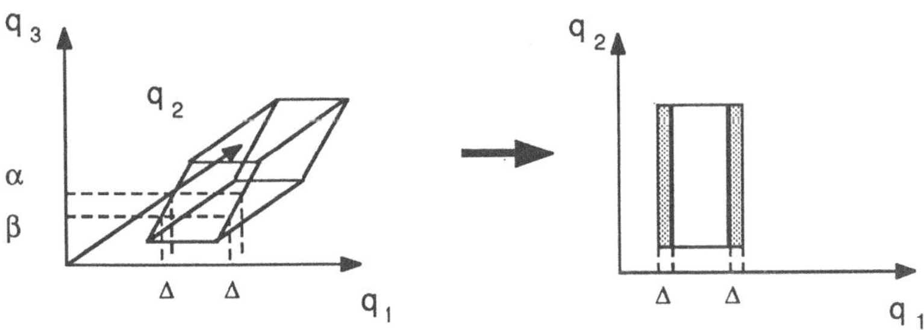

Abb. 1.2.1 : Beispiel der hierarchisch-rekursiven Approximation eines dreidimensionalen Konfigurationsraumhindernisses durch zweidimensionale Elemente. Der beim Übergang von der drei- in die zweidimensionale Darstellung entstehende maximale Approximationsfehler für das Intervall $[\alpha,\beta]$ ist in Form zweier grauer Flächen angegeben

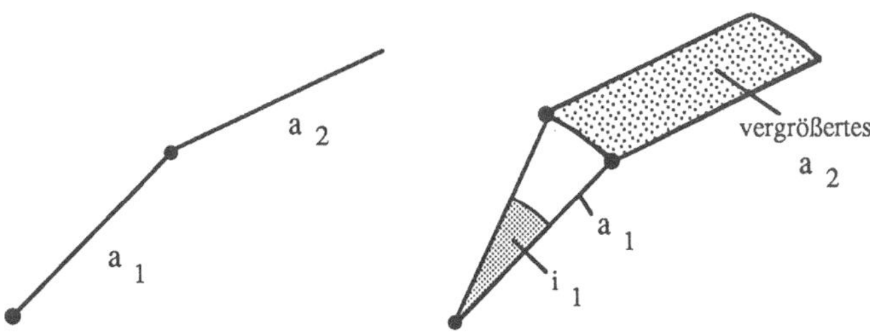

Abb. 1.2.2 : Beispiel der swept volume Methode für einen vereinfachten 2-Gelenkroboter. Darf das Gelenk von Armglied a_1 sich im erlaubten Intervall i_1 bewegen, so muß Armglied a_2 entsprechend des überstrichenen Volumens von a_1 vergrößert werden

Eine Approximation des gesamten O^C ist nun die Vereinigung der Projektionen, die durch verschiedene Intervalle desselben Gelenkparameters gebildet werden. Eine (n-1)-dimensionale Projektion kann nun wieder rekursiv durch eine Menge (n-2)-dimensionaler Projektionen dargestellt werden, usw., bis eine Menge skalarer Intervalle übrigbleibt. Abb. 1.2.1 gibt ein Beispiel für ein dreidimensionales Konfigurationsraumhindernis. Die q_3-Scheibe zwischen α_1 und β_1 wird im q_1/q_2 Diagramm durch eine Fläche dargestellt und für q_1 und q_2 nur noch durch Intervalle.

Um nun die erlaubten und verbotenen Intervalle eines Armgliedes zu berechnen, müssen Kontaktbetrachtungen zwischen dem jeweiligen Glied und dem Hindernis angestellt werden. Man geht dabei entlang der kinematischen Kette vor, denn ein verbotenes Intervall für Armglied n muß natürlich nicht mehr für Armglied n+1 untersucht werden. Denn wenn Armglied n bereits kollidiert, spielt es keine Rolle, ob die Armglieder n+1, n+2 , usw. ebenfalls kollidieren. Das Problem dabei ist, daß die Stellungen der näher am Anfang der kinematischen Kette liegenden Gelenke nicht etwa auf diskreten Winkelwerten festliegen, sondern im Rahmen ihrer erlaubten Intervalle variieren dürfen. Lozano-Perez behilft sich damit, die *swept volumes* der Glieder zu berechnen, d.h. er vergrößert die Umrisse des betreffenden Gliedes anhand der überstrichenen Winkelintervalle der näher am Anfang der kinematischen Kette stehenden Armglieder, wenn diese Werte aus ihren erlaubten Intervallen annehmen können. Die Berechnung der erlaubten und verbotenen Intervalle wird dann mit dem vergrößerten Armglied durchgeführt. Abb. 1.2.2 gibt hierzu ein Beispiel anhand eines vereinfachten zweidimensionalen Roboters. Bei anderen Verfahren (z.B. [Laugier 85]) werden alternativ auch die Hindernisse vergrößert, statt die Glieder des Roboters zu vergrößern.

Diese Methode führt leider bei rein rotatorischen Gelenken zu komplexen Körpern mit nichttrivialen Kontaktbedingungen zu ihrer Umgebung. Daher werden diese Körper durch Polyeder approximiert, wobei über mehrere Gelenke hinweg ein beträchtlicher Approximationsfehler zustande kommt.

Das Ergebnis soweit ist eine Baumstruktur des Konfigurationsraums, die für eine Wegsuche nicht besonders gut geeignet ist. Daher wird daraus eine Freiraum-Repräsentation in Form eines Graphen aufgebaut. Die Knoten des Graphen bestehen aus Unterräumen des n-dimensionalen Konfigurationsraums (sog. *regions*), die sicher sind bezüglich aller Parameter. Eine Kante zwischen zwei Knoten besteht dann, wenn ein sicherer Übergang von einem Unterraum zum anderen besteht in Form von überlappenden freien Intervallen der Parameter. Diese Bedingung muß sukzessive für alle Blätter der Baumstruktur überprüft werden. Die Wegsuche geht dann so vor sich, daß zunächst die entsprechenden Knoten für die Anfangs- und Endkonfiguration der Bewegung gesucht werden und dann in dem Graphen ein Weg zwischen diesen beiden Knoten gesucht wird.

Andere Konfigurationsraumverfahren für Roboter dieses Typs sind oft sehr ähnlich zu dem hier vorgestellten Verfahren. Die bekannten Implementierungen verwenden meistens nur drei oder vier Achsen. Manche Verfahren behelfen sich auch damit, die Bahnplanung für die Hand nach einem anderen Prinzip durchzuführen (z.B. [Hasegawa 85]). Der Vorteil dieser Konfigurationsraumverfahren, die auf Gelenkparametern basieren, liegt sicherlich in der eleganten und bestechend einfachen Grundidee.

Leider wurde (außer einer recht knappen Angabe in [Lozano-Perez 87]) von den genannten Autoren keine Komplexitätsanalysen angegeben. Um einen Vergleich des in dieser Arbeit vorgestellten Verfahrens mit anderen globalen Methoden zu ermöglichen, wird in Kap. 7 ein fiktives, auf einem Gelenkwinkelraum beruhendes Verfahren vorgestellt und dessen Aufwand analysiert.

Lokale Methoden hingegen (z.B. [Pieper 68], [Grechanovsky 83], [Kuntze 82]) benutzen eine trial and error Strategie zur Wegsuche. Sie schlagen zunächst einen Weg bzw. ein Wegstück vor, ohne dabei eine globale Sicht des Problems zu haben, testen diesen Weg auf Kollisionen und modifizieren ihn gegebenenfalls. Dabei müssen Sackgassen und Zyklen vermieden werden. Lokale Methoden verwenden meistens starke Vereinfachungen des Roboters und/oder der Umgebungsgeometrie und versagen bei höherdimensionalen Problemen. Sie sind daher eher für die online-Kollisionsvermeidung geeignet (z.B. [Kuntze 82]), bei der in einfachen Situationen schnell ein alternativer Weg gefunden werden kann.

Als Repräsentant dieser Gruppe von Verfahren wollen wir die Methode von [Brooks 83b] näher betrachten, die einen gemischten Konfigurationsraum- und Hypothese und Test - Ansatz verwendet. Brooks löst das Problem für sechsachsige Roboter mit rein rotatorischen Gelenken für vier Bewegungsfreiheitsgrade der Hand. Die Achse vier des Roboters wird dabei immer auf einem konstanten Wert gehalten, während die Achse fünf benutzt wird um die Hand in vertikaler Orientierung zu halten. Die Achse sechs wird benutzt für Reorientierungen der Hand um ihre vertikale Achse. Ein wesentliches Charakteristikum dieses Verfahrens ist die Art der Hindernisrepräsentation. Hindernisse dürfen Quader sein, deren Flächen parallel zu den Achsen des kartesischen Weltkoordinatensystems sind. Der Raum über einem Quader muß frei von Hindernissen sein, der Raum unterhalb eines Quaders darf kein freier Raum sein (sog. *free-space skyward property*). Es ist auch die Umkehrung erlaubt, d.h Quader die von oben in den Arbeitsbereich herabhängen. Diese hängenden Hindernisse sind allerdings nur bis zu der Höhe erlaubt, die die Hand mit ihrer vertikalen Orientierung erreichen kann.

Diese spezielle Form erlaubt die Anwendung der *generalized cones*-Methode [Brooks 83a] zur Planung der Bewegungen der Hand und des gegriffenen Objekts, die dadurch auf ein zweidimensionales Planungsproblem reduziert wird. Diese Methode erlaubt die Wegeplanung für konvexe Polygone zwischen Hindernispolygonen. Sie berechnet hierzu *generalized cones* (auch *freeways* genannt) (siehe Abb. 1.2.3), auf deren Achsen sich das konvexe Polygon bewegen darf.

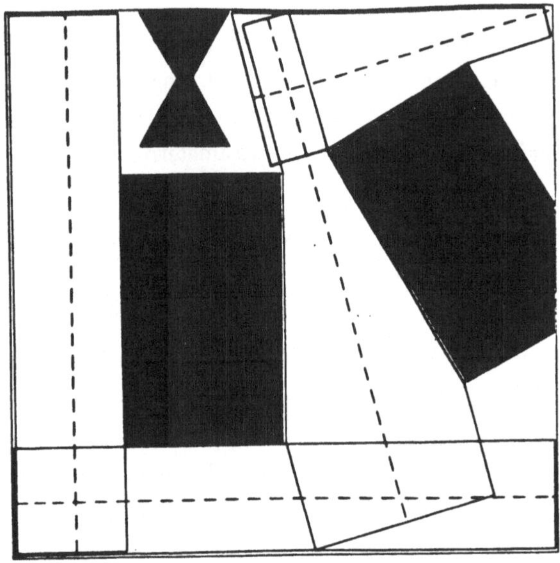

Abb. 1.2.3 : Generalized cones (weiße Flächen mit gestrichelter Mittellinie) zwischen zweidimensionalen Hindernissen (schwarze Flächen) (aus [Brooks 83a])

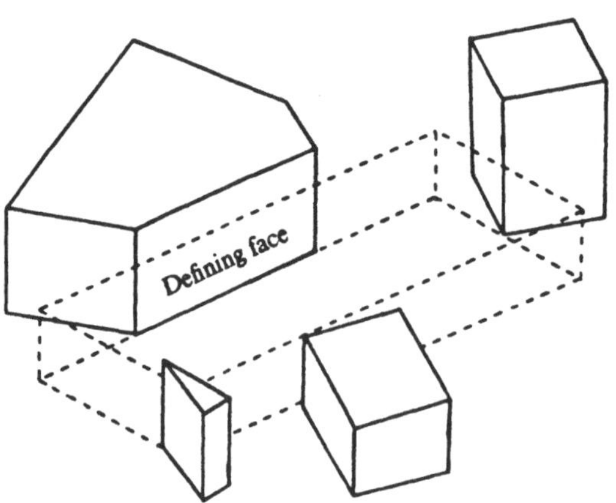

Abb. 1.2.4 : Aus horizontalen Flächen und vertikalen Begrenzungen der Hindernisse werden Polyeder gebildet (aus [Brooks 83b])

In bestimmten Abschnitten der Achse sind dabei nur bestimmte Orientierungsintervalle des Polygons zugelassen. Ein Übergang darf am Schnittpunkt der Achsen zweier cones erfolgen, wenn deren Orientierungsintervalle kompatibel sind. Hand und Last werden nun durch einen umhüllenden Quader angenähert. Die Projektion dieses Quaders auf eine horizontale Ebene ergibt ein konvexes Polygon. Zwischen den Hindernissen werden freeway-Polyeder konstruiert, wobei deren horizontale und vertikale Flächen durch die umliegenden Hindernisse definiert werden (siehe Abb. 1.2.4). Die Höhe dieser Polyeder muß mindestens die Höhe des Handquaders besitzen. Die horizontalen Projektionen (d.h. die Grundflächen) der Polyeder ergeben nun freeways, in denen sich der Hand-Quader bewegen darf. Für die zulässigen Bewegungen des Oberarms wird eine Konfigurationsraumdarstellung mit den ersten beiden Achswinkeln als Parameter aufgebaut. In diesem zweidimensionalen Konfigurationsraum werden ebenfalls freeways berechnet, d.h. Flächen, die für beide Parameter sicher sind. In diesen freeways wird nun eine Bahn für den Oberarm gesucht und aus dieser Bahn die Randbedingungen für die zulässige Handhöhe abgeleitet. Mit dieser Information wird eine Folge von horizontalen und vertikalen Bewegungen der Hand gesucht. Dabei sind Übergänge zwischen cones einer horizontalen Ebene möglich (wie oben beschrieben) und zwischen cones zweier übereinander liegender horizontaler Ebenen, wenn sie sich entsprechend überschneiden. Für diese Bahn werden nun zusätzliche Randbedingungen an die Höhe der Hand untersucht, die vom Unterarm bedingt sind. Hierzu wird das vom Unterarm entlang der Bahn überstrichene Volumen approximiert und mit den Hindernissen geschnitten. Lassen sich eventuelle Unterarmkollisionen nicht durch andere Höhen der Hand ausgleichen, wird zunächst ein anderer Weg für die Hand gesucht. Sind diese Möglichkeiten auch erschöpft, wird versucht, eine andere Oberarmbewegung zu finden.

Dieses Verfahren soll sehr effizient im praktischen Betrieb sein. Andererseits ist es recht kompliziert und durch die Art der Hindernisrepräsentation nicht besonders praxistauglich.

1.3 Überblick über das Verfahren

In diesem Abschnitt wird ein erster Überblick über das im Rahmen dieser Arbeit entwickelte Verfahren gegeben. Es besitzt gegenüber herkömmlichen Verfahren die folgenden Vorteile :

— Durch die Art des verwendeten kartesischen Konfigurationsraums werden die von dem Verfahren gefundenen Bahnen für den Menschen anschaulich und direkt nachvollziehbar.

— Durch die Art des Konfigurationsraums wird es weiterhin erst ermöglicht, eine Verbindung zu anderen in impliziten Programmiersystemen benötigten geometrischen Planungsverfahren herzustellen.

— Der maximale Aufwand (im Sinne der Komplexitätstheorie) für die Summe der Vorverarbeitungsschritte konnte gegenüber herkömmlichen Verfahren geringfügig gesenkt werden (siehe auch Kap. 7).

Einer der Haupteinflußfaktoren auf den Entwurf dieses Verfahrens war also die Forderung, daß das Verfahren andere bei der impliziten Programmierung benötigte geometrische Planungsverfahren unterstützen sollte. Hier sind in erster Linie Verfahren zur Greifplanung und zur Feinbewegungsplanung zu nennen.

Unter *Greifplanung* verstehen wir hier Verfahren zur Planung von Bewegungen, um ein mit einem geometrischen Modell beschriebenes Werkstück mit einem an einem Roboterarm angebrachten Greifer greifen zu können. Darunter fällt die Auswahl geeigneter Kontaktflächen an Werkstück und Greifer, die Berechnung der geometrischen Kontaktparameter und die Planung der kollisionsfreien Bewegung, um diesen Kontakt zu erreichen. Um das gegriffene Werkstück mit einem anderen Werkstück verbinden zu können, benötigt man die *Feinbewegungsplanung*. Die Feinbewegungsplanung erzeugt eine Sequenz von Bewegungen des Roboters, die frei sind von unerwünschten Kollisionen. "Erwünschte Kollisionen" in diesem Sinne sind nur die Kontakte der beiden Werkstücke miteinander. Um kleine Fehler zwischen Modell und Realität ausgleichen zu können, müssen die Bewegungen derart beschaffen sein, daß sie von den Sensoren des Roboters überwacht bzw. gesteuert werden können.

Bei dem am Institut verwendeten Verfahren zur Greifplanung ([Hoermann 86a], [Hoermann 86c]) wird das Problem zunächst in eine zweidimensionale Darstellungsform reduziert. Hierzu werden zunächst passende parallele Flächen an dem zu greifenden Objekt identifiziert, an denen die Greifbacken des Zweifinger-Parallel-Greifers das Objekt anpacken sollen. Die Mittelebene zwischen zwei solchen parallelen Flächen wird als Greifebene bezeichnet. Auf die Greifebene werden sowohl der Greifer als auch mögliche Hindernisse für den Greifer beim Anfahren an das Objekt projiziert (siehe Abb. 1.3.1). Das Ergebnis ist ein Polygon für den Greifer und n Hindernispolygone. In dieser Ebene kann man nun einen Weg für das Greiferpolygon zwischen den Hindernispolygonen suchen (siehe Abb. 1.3.2).

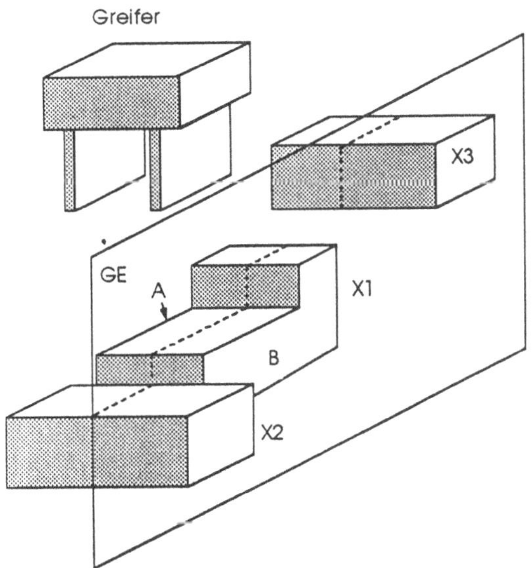

Abb. 1.3.1 : Objekt X1 soll an den Flächen A und B gegriffen werden, wodurch die Greifebene GE in der Mitte zwischen A und B festgelegt wird. X2 und X3 sind mögliche Hindernisse für den Greifer

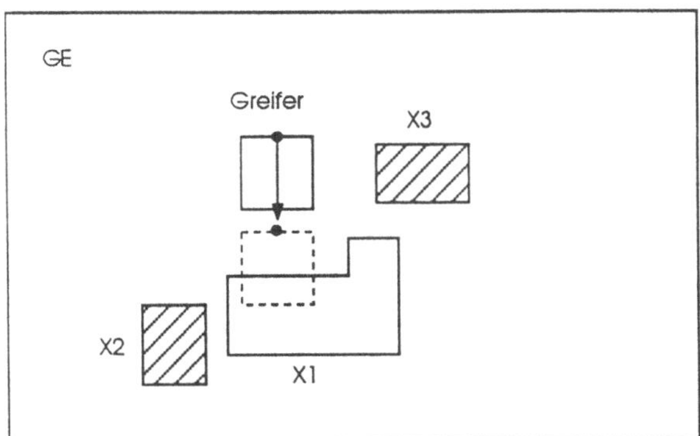

Abb. 1.3.2 : Sicht auf die Greifebene GE mit Projektionen der Objekte X1, X2 und X3 und einem möglichen kollisionsfreien Weg für den Greifer

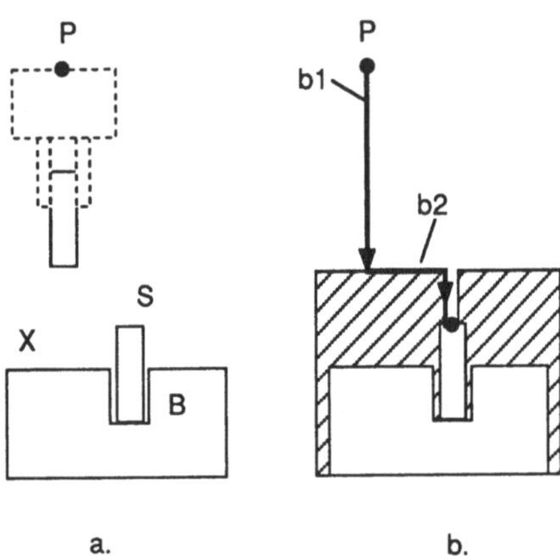

Abb. 1.3.3 : Stift S soll in Bohrung B eingesteckt werden. a. zeigt die ursprüngliche Szene und b. die Entsprechung im zweidimensionalen Konfigurationsraum (d.h. nur Translationen werden berücksichtigt). Das Konfigurationsraumhindernis von Stift und Werkstück bezüglich des Referenzpunkts P ist schraffiert gezeichnet. Eine Bewegung b1 führt zum ersten Kontakt mit Objekt X und eine Bewegung b2 bewegt S unter Aufrechterhaltung des Kontakts bis zur Sollposition

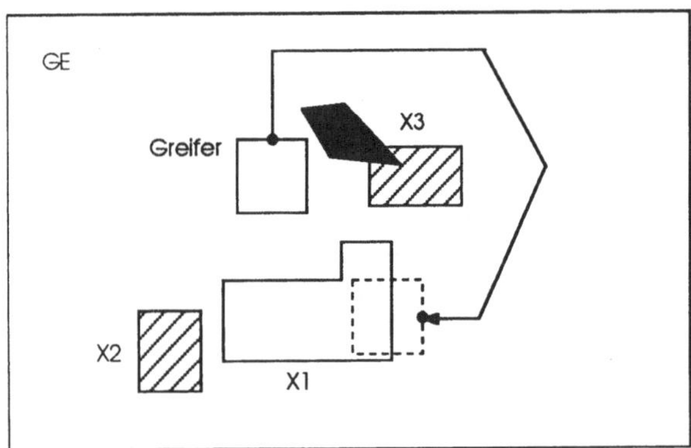

Abb. 1.3.4 : Zusätzliche Hindernispolygone (schwarze Flächen), die durch Konfigurationsraumhindernisse des Roboterarms verursacht werden

Falls das Greiferpolygon auf diesem Weg keines der Hindernispolygone schneidet, dann kann es auch keine Kollision des räumlichen Greifers mit den räumlichen Hindernissen geben. Zur Wegeplanung für das Greiferpolygon wird ein dreidimensionales Konfigurationsraumverfahren eingesetzt. Die Parameter des Konfigurationsraums sind die beiden translatorischen und der rotatorische Parameter bezüglich des Referenzpunkts des Greifers.

Bei der Feinbewegungsplanung wird ebenfalls ein Konfigurationsraumverfahren verwendet [Le 87]. Die Parameter des Konfigurationsraums sind dabei die translatorischen Parameter eines Referenzpunkts des Greifers. Der Konfigurationsraum und der ursprüngliche kartesische Raum sind hier also identisch. In diesem Konfigurationsraum wird mittels heuristischer Suche ein Weg des Referenzpunkts von seiner Ausgangsposition nach seiner Zielposition gesucht. Die Zielposition des Referenzpunkts entspricht dann dem Zielkontakt des gegriffenen Objekts mit seinem Zielobjekt.

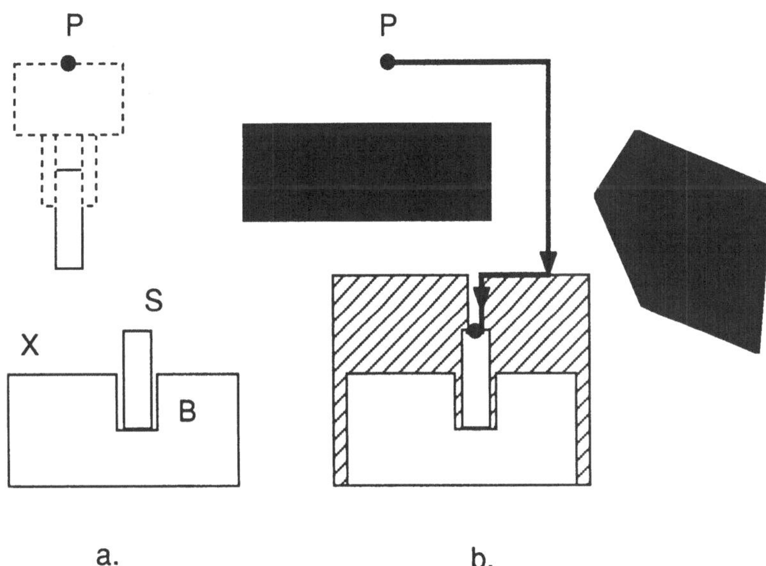

Abb. 1.3.5 : Zusätzliche Hindernispolygone (schwarze Flächen), die durch Konfigurationsraumhindernisse des Roboterarms verursacht werden

Die Elementarbewegungen, die dabei zur Verfügung stehen, sind :

1. Bewegungen des gegriffenen Objekts bis zum erstmaligen Kontakt mit dem Zielobjekt (sog. *guarded motion*). Im Konfigurationsraum entspricht dies einer Bahn des Referenzpunkts außerhalb der Konfigurationsraumhindernisse bis zur Oberfläche desjenigen Konfigurationsraumhindernisses, das durch das gegriffene Objekt und das Zielobjekt hervorgerufen wird.

2. Bewegungen des gegriffenen Objekts unter Beibehaltung des Kontakts mit dem Zielobjekt bis zum gewünschten Zielkontakt (sog. *compliant motion*). Dies entspricht im Konfigurationsraum einer Bahn des Referenzpunkts auf der Oberfläche dieses Konfigurationsraumhindernisses bis zur Zielposition des Referenzpunkts.

Abb. 1.3.3 zeigt ein einfaches zweidimensionales Beispiel hierzu, bei dem ein Stift in eine Bohrung eingesteckt werden soll. Sowohl bei der Greifplanung als auch bei der Feinbewegungsplanung wird der Greifer in die Planung mit einbezogen. Für diese Zwecke würde es also genügen, eine Repräsentationsform der erlaubten bzw. verbotenen Konfigurationen des Roboterarms (ohne Greifer) zu haben. Diese Repräsentationsform müßte derart sein, daß sie die Abbildung von Konfigurationsraumhindernissen des Roboterarms sowohl auf die Greifebene als auch in den Konfigurationsraum der Feinbewegungsplanung ermöglicht. Ein Konfigurationsraumverfahren für den Roboterarm basierend auf Gelenkwinkeln würde dieser Anforderung jedenfalls nicht gerecht, da diese Konfigurationsraumhindernisse kaum in den kartesischen Raum abbildbar wären.

Diese Überlegungen führten zu dem Ansatz, einen gemeinsamen Referenzpunkt im Handgelenk für den Greifer und den Roboterarm zu wählen und die translatorischen Parameter dieses Referenzpunkts als Parameter eines dreidimensionalen kartesischen Konfigurationsraums des Roboterarms zu verwenden. Dadurch wird die Abbildung der Armhindernisse auf die Greifebene (siehe Abb. 1.3.1 und 1.3.2) und in den Konfigurationsraum der Feinbewegungsplanung sehr einfach (siehe Abb. 1.3.3). Bei der Greifplanung muß lediglich die Greifebene mit den Armhindernissen geschnitten werden. Hierdurch enstehen zusätzliche Hindernispolygone (siehe Abb. 1.3.4), die bei der Wegeplanung zu vermeiden sind. Aus diesen Hindernispolygonen können durch ein einfaches Verfahren die dreidimensionalen Konfigurationsraumhindernisse der Greifplanung aufgebaut werden. Bei der Feinbewegungsplanung können die Armhindernisse sogar 1:1 übernommen werden (siehe Abb. 1.3.5).

Leider existiert keine Abbildung (im mathematischen Sinne) einer Position des Referenzpunkts auf eine Winkelkonfiguration der ersten drei Gelenke, da die sog. *inverse Koordinatentransformation* nicht eindeutig lösbar ist. Dies bedeutet, daß eine Position des Referenzpunkts mit mehreren Tripeln von Gelenkwinkeln realisiert werden kann. Jedes Tripel entspricht einer sog. kinematischen Konfiguration des Roboterarms (siehe Kap. 2 für eine genauere Erläuterung). Um eine Eindeutigkeitsbeziehung herzustellen, wird daher als zusätzliche vierte Dimension des Konfigurationsraums die Art der kinematischen Konfiguration eingeführt. Es wird also für jede kinematische Konfiguration ein eigener dreidimensionaler Konfigurationsraum aufgebaut. Als Repräsentationsform dieses Raums wird eine Zellenstruktur verwendet. Diese Zellenstruktur wird durch ein Raumgitter mit Kuben gleicher Kantenlänge realisiert.

Im ersten Schritt des Verfahrens wird der Arbeitsraum (bezüglich des Referenzpunkts) des Roboterarms in den vierdimensionalen Konfigurationsraum abgebildet (siehe Kap. 3). Dann werden die realen Hindernisse im Arbeitsraum in den Konfigurationsraum abgebildet (siehe Kap. 3). Aus den realen Hindernissen werden die korrespondierenden Konfigurationsraumhindernisse berechnet und im Konfigurationsraum eingetragen. Die dabei verwendeten Methoden sind für den Oberarm des Roboters und den Unterarm sehr verschieden und daher in zwei verschiedenen Kapiteln (Kap. 4 und 5) dargestellt.

Eine sichere Bahn für den Roboterarm (ohne Greifer) kann nun durch eine Bahn des Referenzpunkts außerhalb der Konfigurationsraumhindernisse dargestellt werden. Um zusätzlich Greifer und gegriffenes Objekt mit einzubeziehen, wird der folgende Weg eingeschlagen (siehe Kap. 6): aus der Menge der möglichen Handorientierungen wird eine endliche Menge ausgewählt. Für jede dieser Orientierungen wird das Volumen des Greifers und des gegriffenen Objekts durch eine Menge von Kuben des Konfigurationsraums (die sog. *Raumbelegung*) approximiert. Eine Gesamtkonfiguration für Roboterarm, Greifer und Objekt ist dann sicher, wenn der Referenzpunkt in einem sicheren Kubus liegt (d.h. außerhalb der Konfigurationsraumhindernisse) und die Kuben der Raumbelegung des Greifers sich nicht mit Kuben von realen Hindernissen überdecken. Wir betrachten die Menge dieser Konfigurationen nun als Knoten in einem Zustandsraumgraphen. Die Kanten werden von den beiden folgenden Elementarbewegungen gebildet :

1. Translationen von Mittelpunkt zu Mittelpunkt zweier benachbarter Kuben, wobei die Greiferorientierung gleich bleibt (siehe Abb. 1.3.6).

2. Rotationen zwischen zwei benachbarten diskreten Handorientierungen, wobei der Referenzpunkt am gleichen Ort bleibt (siehe Abb. 1.3.7).

In diesem Graphen kann nun mit einem heuristischen Suchverfahren ein Weg von einem Start- zu einem Zielknoten gesucht werden. Der gefundene Weg entspricht dann einer Folge von elementaren Translationen und Rotationen.

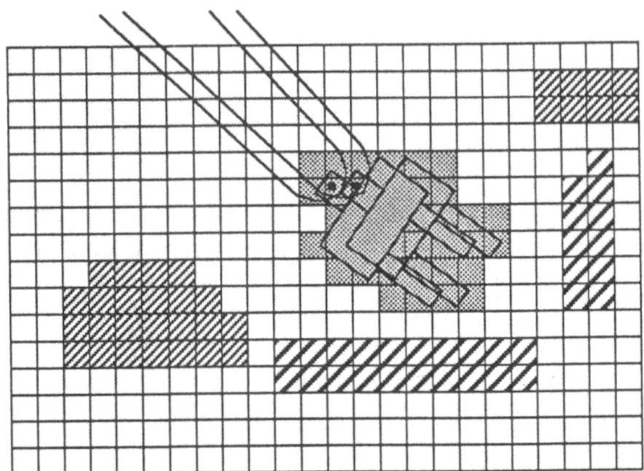

Abb. 1.3.6 : Translation von Mittelpunkt zu Mittelpunkt zweier benachbarter Kuben, wobei die Greiferorientierung gleich bleibt; der Referenzpunkt muß dabei außerhalb der Konfigurationsraumhindernisse des Roboterarms bleiben (fein schraffiert) und die Kuben des Greifers (grau unterlegt) müssen außerhalb der realen Hindernisse (grob schraffiert) bleiben

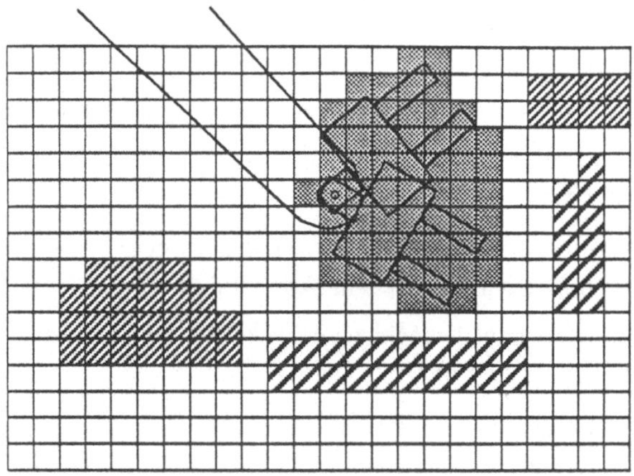

Abb. 1.3.7 : Rotation zwischen zwei benachbarten diskreten Handorientierungen, wobei der Referenzpunkt am gleichen Ort bleibt; der Referenzpunkt muß dabei außerhalb der Konfigurationsraumhindernisse des Roboterarms sein (fein schraffiert) und die Kuben des Greifers (grau unterlegt) müssen außerhalb der realen Hindernisse (grob schraffiert) bleiben

2. Grundlagen

2.1 Modell der Hindernisse

Hindernisse sind alle die Objekte, mit denen der Roboter in Kontakt kommen kann. Die Hindernisse müssen zur Planungszeit sowohl von ihrer Form her als auch von ihrer Position und Orientierung bekannt sein. Wir nehmen ferner an, daß die Hindernisse statisch sind, d.h. daß sie weder ihre Gestalt noch ihre Position und Orientierung dynamisch ändern.

Der Einfachheit halber wollen wir als Form der Hindernisse konvexe Polyeder annehmen. Dies ist keine allzu unrealistische Einschränkung, da Objekte in industriellen Umgebungen meist eine regelmäßige Form mit geraden Flächen und Kanten besitzen. Diese Repräsentationsform läßt sich auch von allen CAD Systemen erzeugen und mit wenig Aufwand in die gewünschte interne Repräsentationsform übersetzen. Nicht-konvexe Polyeder lassen sich durch einen Vorverarbeitungsschritt relativ einfach durch ihre konvexe Hülle approximieren [Graf 87] oder in konvexe Polyeder zerlegen [Schmidt 87].

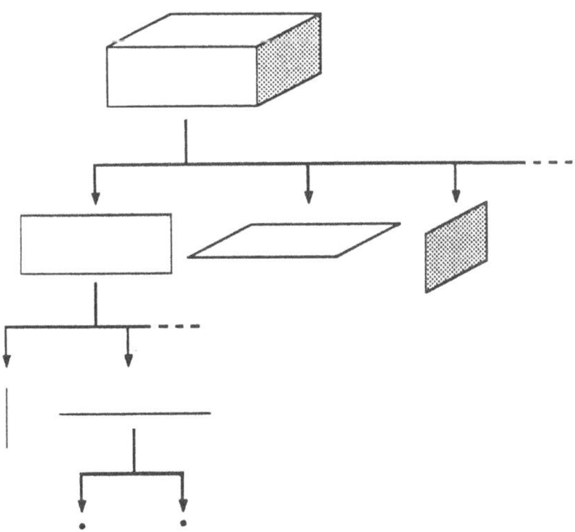

Abb. 2.1.1 : Einfaches Beispiel für die boundary representation form.
Der Quader wird durch seine Flächen, diese durch ihre Kanten
und diese wiederum durch ihre Endpunkte dargestellt

Wir fordern von den Hindernissen, daß sie nicht in dem von der Schulter des Roboters (siehe nächstes Kapitel) überstrichenen Volumen liegen dürfen. Als Darstellungsform der konvexen Polyeder verwenden wir die sog. *boundary representation form* (siehe z.B. [Baer 79]), bei der das Objekt O durch seine Oberflächen definiert wird. Die Flächen f_{oi} werden durch ihre Kanten e_{oi} und diese wiederum durch ihre Endpunkte v_{oi} dargestellt (siehe Abb. 2.1.1).

Bei der Implementierung des Verfahrens ([Sperl 87], [Wildner 87]) wurden Testdaten mit dem CAD-System ROMULUS (^{TM} Shape Data Ltd.) erzeugt, im sog. FEMGEN-Format [Agryle 84] ausgegeben und von dort in eine interne PASCAL-Datenstruktur konvertiert.

2.2 Modell des Roboters

Dieses Verfahren wurde entwickelt für Roboter der sog. PUMA Klasse mit sechs rotatorischen Achsen. Der fünfachsige PUMA 500 der US-Firma Unimation war in den sechziger Jahren der erste Universalroboter. Seine Geometrie und Kinematik wurde später von vielen anderen Herstellern mit kleinen Modifikationen übernommen, so daß Roboter dieser Klasse heute weit verbreitet sind. Ihre Geometrie ist dem menschlichen Körperbau nachempfunden (siehe Abb. 2.2.1). Sie besitzen einen "Körper" (einen aufrecht stehenden Zylinder), eine "Schulter" (einen senkrecht daran angebrachten Zylinder), einen "Arm" und eine "Hand". Der Arm besteht aus einem Oberarm und einem Unterarm. Die Hand (in der Roboterterminologie *Effektor* genannt) ist von der Anwendung abhängig und kann z.B. ein Greifer oder ein Werkzeug sein. In unserem Anwendungsfall der Montage ist der Effektor meistens ein Greifer und wir wollen unter dem Begriff *Hand* die Summe von Greifer und eventuell gegriffenen Objekten verstehen.

Der Körper spielt für unsere Kollisionsbetrachtungen keine Rolle, da er als drehsymmetrisches Teil seine Lage im Raum nicht verändert. Die Schulter wird durch einen umhüllenden Quader approximiert und Oberarm und Unterarm werden durch je ein konvexes Polyeder dargestellt. Die Bezeichnungen für die zugehörigen Maße sind in Abb. 2.2.2 angegeben.

Oberarm und Unterarm müssen dabei symmetrisch bezüglich ihrer Symmetrieebenen E_u und E_f sein [1]. Diese Ebenen seien normal zu den Achsen des Ober- und des Unterarms mit den Abständen

$$l_{u1}+\frac{l_{u2}-l_{u1}}{2} \quad \text{bzw.} \quad l_{f1}+\frac{l_{f2}-l_{f1}}{2}$$

(siehe auch Abb. 2.2.2). Es genügt daher, außer der Dicke des Ober- bzw. Unterarms deren Umrisse in Form zweier konvexer Polygone innerhalb der Ebenen E_u bzw. E_f zu beschreiben (siehe Abb. 2.2.3 bzw. 2.2.4).

Die Punkte J_s, J_u, J_f, $J_f{}'$, J_w sind wie folgt definiert :

    J_s ist der Schnittpunkt der Achsen 1 und 2 (siehe Abb. 2.2.2)

    J_u ist der Schnittpunkt der Achse 2 mit E_u (siehe Abb.2.2.3)

    J_f ist der Schnittpunkt der Achse 3 mit E_u (siehe Abb. 2.2.3)

    $J_f{}'$ ist der Schnittpunkt der Achse 3 mit E_f (siehe Abb. 2.2.4)

    J_w ist der Schnittpunkt der Achsen 4 bis 6 und liegt in E_f (siehe Abb. 2.2.4).

---

[1] Wir benutzen die Indizierungen u für den Oberarm (*upper arm*) und f für den Unterarm (*forearm*).

Die Kinematik wird durch die Anordnung der Glieder und Bewegungsachsen festgelegt (siehe Abb. 2.2.1). Die Nullstellung und der Drehsinn der Winkel Θ_1 bis Θ_6 sind aus Abb. 2.2.5 ersichtlich.

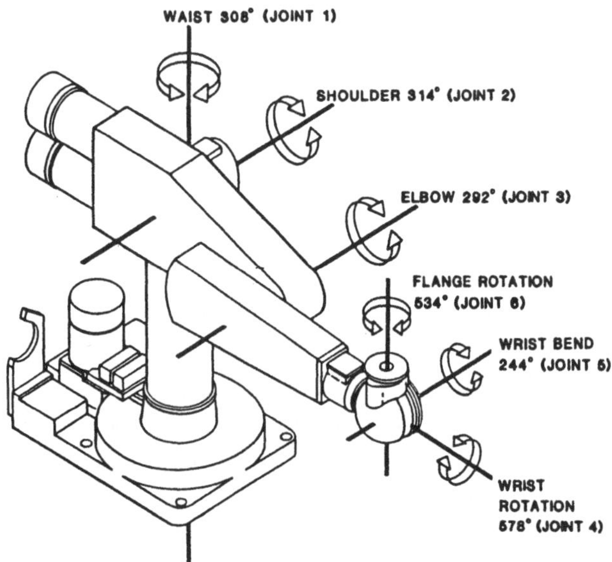

Abb. 2.2.1 : Beispiel eines Roboters aus der PUMA Klasse : PUMA 260
(aus [Unimation 86])

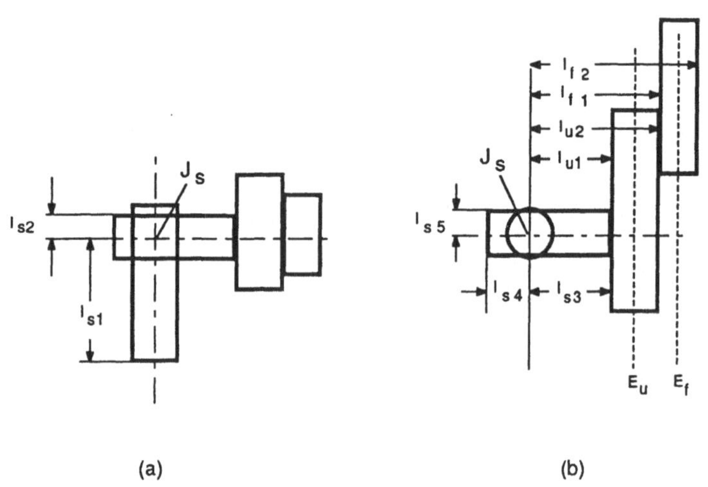

Abb. 2.2.2 : Bezeichnungen der Maße : (a) Seitenansicht; (b) Draufsicht

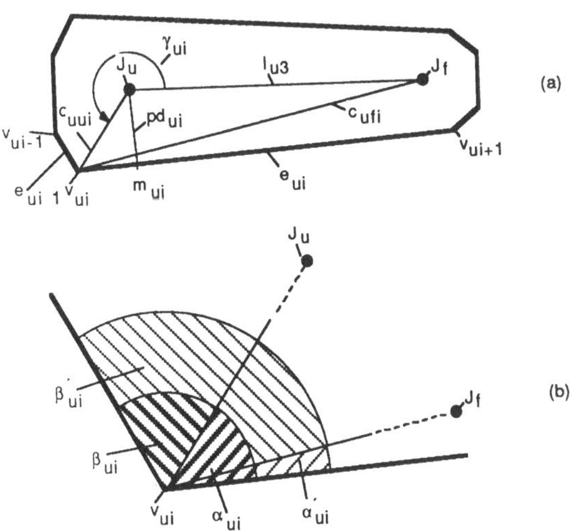

Abb. 2.2.3 : (a) : Polygon zur Darstellung der Umrisse des Oberarms
(b) : Bezeichnungen der Winkel an einem Eckpunkt v_{ui}

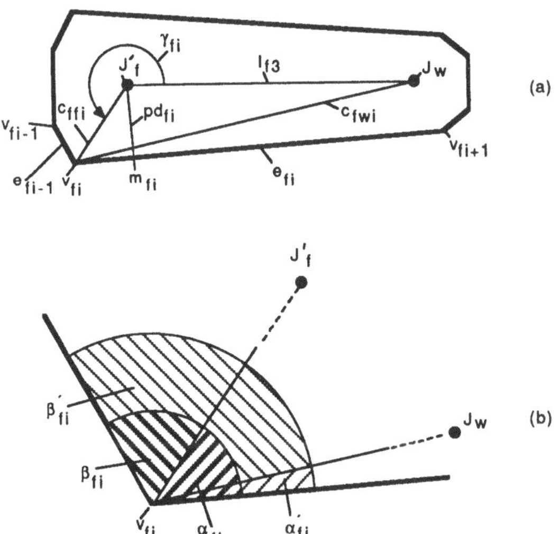

Abb. 2.2.4 : (a) : Polygon zur Darstellung der Umrisse des Unterarms
(b) : Bezeichnungen der Winkel an einem Eckpunkt v_{fi}

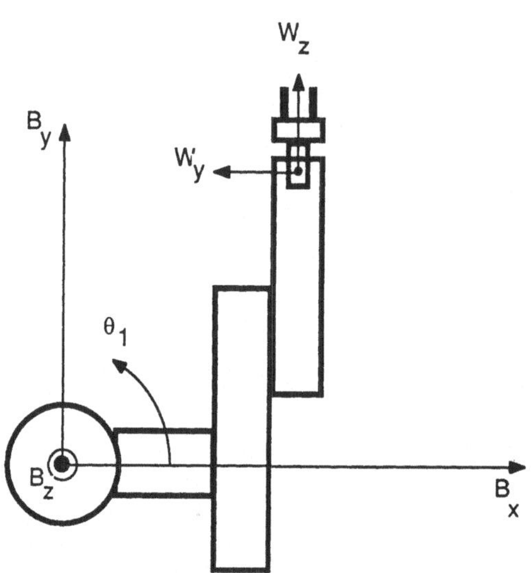

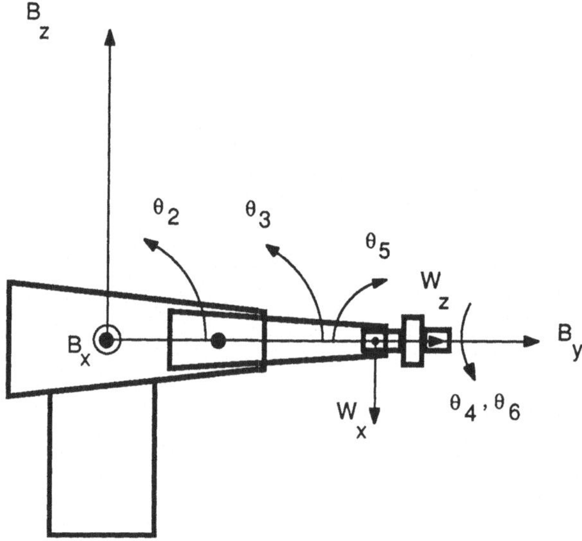

Abb. 2.2.5 : Nullstellung und Drehsinn der Gelenke

2.3 Kinematische Mehrdeutigkeiten des Roboters

Unter der kinematischen Mehrdeutigkeit verstehen wir die Mehrdeutigkeit der Koordinatentransformation von den kartesischen Koordinaten eines Referenzpunkts des Roboters zu den Gelenkwinkelkoordinaten (sog. *inverse Koordinatentransformation*). Als Referenzpunkt verwenden wir den Punkt J_w im Handgelenk des Roboters (siehe Abb. 2.2.4).

Es sind vier Gelenkwinkelkonfigurationen möglich, um für J_w eine bestimmte Position im Raum zu realisieren. Diese vier Konfigurationen ergeben sich aus den Kombinationen zweier kinematischer Zweideutigkeiten. Die erste dieser Zweideutigkeiten betrifft die Doppeldeutigkeit der Berechnung von Θ_1.

Der Punkt J_w befinde sich an einem Punkt $P = (x,y,z)^T$. Dann ist (siehe Abb. 2.3.1):

$$\theta_{11} = \phi_1(+)\phi_2$$

bzw.

$$\theta_{12} = \phi_1(-)\phi_2,$$

wobei

$$\phi_1 = \Omega(P)^*$$

$$\phi_2 = acos\frac{l_1}{l_2}$$

$$l_1 = l_{f1} + \frac{l_{f2} - l_{f1}}{2}$$

$$l_2 = \sqrt{x^2 + y^2} \; .$$

Wir können also bezüglich Θ_1 zwischen zwei Zuständen r und l (für *righty* und *lefty*, entsprechend der Ähnlichkeit zu einem rechten und einem linken Arm) unterscheiden. Für Θ_2 und Θ_3 ergibt sich (siehe Abb 2.3.2):

$$\theta_{21} = \phi_3(+)\phi_4$$

bzw.

$$\theta_{22} = \phi_3(-)\phi_4,$$

---

* Die Funktionen Ω und κ und die Operatoren $(+), (-), (>), (\geq), (<), (\leq)$ dienen zum bequemeren Rechnen mit Winkeln und sind im Anhang definiert.

wobei

$$\phi_3 = \Omega(P)$$

Für $l_4 - l_{f3} \neq \emptyset$ ist (nach [Bronstein 79]):

$$\phi_4 = 2\,atan\frac{r}{l_4 - l_{f3}}$$

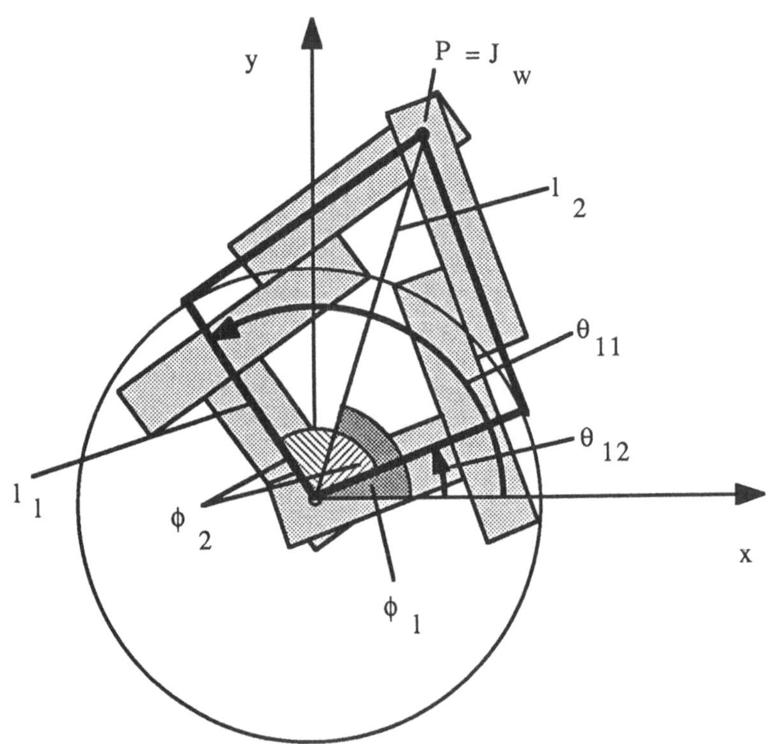

Abb. 2.3.1 : Inverse Koordinatentransformation : Berechnung
von Θ_1

mit

$$l_4 = (l_{u3} + l_3 + l_{f3})/2$$

$$r = \left(\frac{(l_4 - l_{f3})(l_4 - l_{u3})(l_4 - l_3)}{l_4} \right)^{1/2}$$

$$l_3 = (t_p^2 + u_p^2)^{1/2}/2$$

(Anm.: ist $l_4 - l_{f3} = \emptyset$, dann ist $\Theta_{2_{1,2}}$ unbestimmt und $\Theta_{3_{1,2}} = \pi$.)

und

$$\theta_{31} = \Omega(\kappa(\theta_{21}, l_{u3}), P)(-)\theta_{21}$$

$$\theta_{32} = \Omega(\kappa(\theta_{22}, l_{u3}), P)(-)\theta_{22}$$

Bezüglich Θ_2 und Θ_3 unterscheiden wir zwischen den Zuständen a und b (für *above* und *below*, entsprechend der Stellung des Unterarmgelenks J_f ; ist J_f "über" der Strecke zwischen J_u und J_w (siehe Abb. 2.3.2), dann ist der Arm im Zustand above, ansonsten im Zustand below).

Wir können nun definieren

Def. 2.3.1 Unter einem kinematischen Zustand Z des Arms verstehen wir ein Tupel (z_1 , z_2) mit $z_1 \in \{r , l\}$ und $z_2 \in \{a , b\}$, das einer Position des Referenzpunkts J_w im kartesischen Raum eindeutig ein Tripel $(\Theta_1, \Theta_2, \Theta_3)$ zuordnet wie folgt :

$$\theta_1 = \theta_{11} \quad \text{für } z_1 = l$$
$$\theta_1 = \theta_{12} \quad \text{für } z_1 = r$$
$$\theta_2 = \theta_{21} \quad \text{für } z_2 = a$$
$$\theta_2 = \theta_{22} \quad \text{für } z_2 = b$$
$$\theta_3 = \theta_{31} \quad \text{für } z_2 = a$$
$$\theta_3 = \theta_{32} \quad \text{für } z_2 = b$$

Ist bei einem Zustand (z_i, z_j) nur z.B. z_i interessant und z_j irrelevant, so kürzen wir die Schreibweise zu (z_i) ab:

$$(r) \in \{(r,a),(r,b)\}$$
$$(l) \in \{(l,a),(l,b)\}$$
$$(a) \in \{(r,a),(l,a)\}$$
$$(b) \in \{(r,b),(l,b)\} \quad \square$$

Def. 2.3.2 Unter einer Armkonfiguration verstehen wir ein Tripel (P, z_1, z_2), das durch die Position P des Referenzpunkts J_w und den kinematischen Zustand (z_1, z_2) eindeutig ein Gelenkwinkeltripel $(\Theta_1, \Theta_2, \Theta_3)$ spezifiziert $\square$

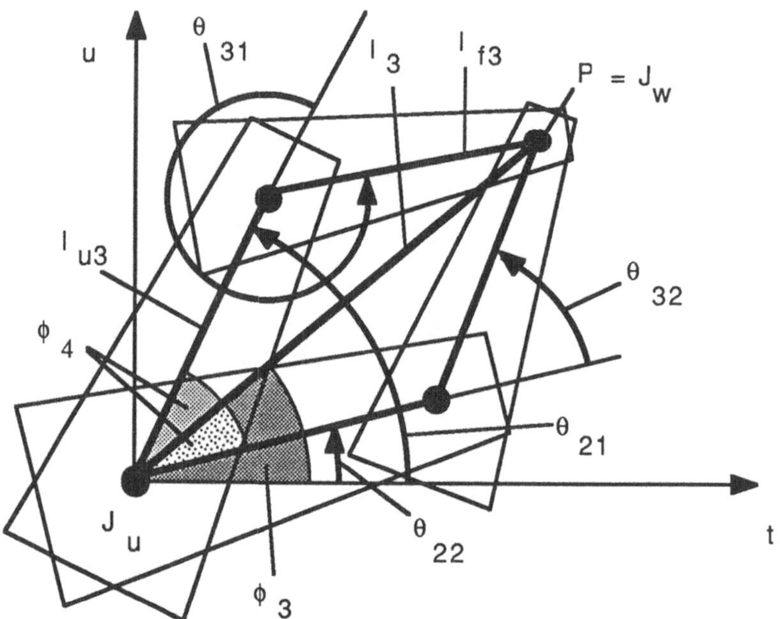

Abb. 2.3.2 : Inverse Koordinatentransformation : Berechnung von Θ_2 und Θ_3

3. Vorverarbeitung des Kubusraums

3.1 Definition des Kubusraums

Wir verwenden den *Kubusraum* als Darstellungsform für den dreidimensionalen kartesischen Konfigurationsraum. Der Kubusraum (siehe Abb. 3.1.1) ergibt sich durch eine Menge von Ebenen parallel zu den Grundebenen:

Def. 3.1.1 Unter dem Kubusraum R_c verstehen wir ein Raumgitter in einem dreidimensionalen kartesischen Koordinatensystem, das sich durch eine Menge grundebenen-paralleler äquidistanter Ebenen wie folgt ergibt:

Pl_{xi}, Pl_{yj}, Pl_{zk} seien in der Hesse'schen Normalenform gegeben als

$$Pl_{xi} := \left\{ \vec{r} \mid \vec{n}_x \vec{r} - i l_c = \emptyset \right\}$$

$$Pl_{yj} := \left\{ \vec{r} \mid \vec{n}_y \vec{r} - i l_c = \emptyset \right\}$$

$$Pl_{zk} := \left\{ \vec{r} \mid \vec{n}_z \vec{r} - i l_c = \emptyset \right\}$$

mit $\vec{n}_x, \vec{n}_y, \vec{n}_z$ Normaleneinheitsvektoren der x-, y- bzw. z-Achse. l_c ist die Kantenlänge eines Kubus, d.h. der Abstand zweier Ebenen ($l_c \in R$, $l_c > \emptyset$). i, j, k seien ganzzahlig mit $|i|$, $|j|$, $|k| \leq n_{pl}$. Die Anzahl der Ebenen ist n_{pl} in den positiven bzw. negativen x-, y-, und z-Halbräumen. n_{pl} muß durch eine Zweierpotenz darstellbar sein[1].

H_{xi}, H_{yj}, H_{zk} seien die abgeschlossenen Halbräume definiert durch Pl_{xi}, Pl_{yj}, Pl_{zk} und mit ins Innere der Halbräume zeigenden Normaleneinheitsvektoren $\vec{n}_x, \vec{n}_y, \vec{n}_z$. Dann ist ein Kubus c_{ijk} definiert durch

$$c_{ijk} := \left\{ \vec{r} \mid \vec{r} \in (H_{xi} \setminus H_{xi+1}) \cap (H_{yj} \setminus H_{yj+1}) \cap (H_{zk} \setminus H_{zk+1}) \right\}$$

mit

$$-n_{pl} \leq i \leq n_{pl} - 1$$
$$-n_{pl} \leq j \leq n_{pl} - 1$$
$$-n_{pl} \leq k \leq n_{pl} - 1$$

---

1 Diese Eigenschaft benötigen wir später bei der Abbildung der Hindernisse in den Kubusraum mit dem SPLIT-Algorithmus (siehe Kap. 3.2)

Die Kanten der Kuben sind dann gegeben durch Segmente mit Länge l_c der Gittergeraden $L_{xjk}, L_{yik}, L_{zij}$:

$$L_{xjk} := \left\{ \vec{r} \mid \vec{r} = \begin{pmatrix} \emptyset \\ j \\ k \end{pmatrix} + \lambda_x \begin{pmatrix} 1 \\ \emptyset \\ \emptyset \end{pmatrix} \right\}$$

$$L_{yik} := \left\{ \vec{r} \mid \vec{r} = \begin{pmatrix} i \\ \emptyset \\ k \end{pmatrix} + \lambda_y \begin{pmatrix} \emptyset \\ 1 \\ \emptyset \end{pmatrix} \right\}$$

$$L_{zij} := \left\{ \vec{r} \mid \vec{r} = \begin{pmatrix} i \\ j \\ \emptyset \end{pmatrix} + \lambda_z \begin{pmatrix} \emptyset \\ \emptyset \\ 1 \end{pmatrix} \right\}$$

$$\lambda_x, \lambda_y, \lambda_z \in R \quad \square$$

Einen Kubus können wir nun wie folgt definieren :

Def. 3.1.2 Wir definieren für einen Kubus c_{ijk} den Eckpunkt

$$p(c_{ijk}) := \begin{pmatrix} i \\ j \\ k \end{pmatrix},$$

die Kanten $e_x(c_{ijk}), e_y(c_{ijk}), e_z(c_{ijk})$ als

$$e_x(c_{ijk}) := p(c_{ijk}) + \lambda_1 \begin{pmatrix} l_c \\ \emptyset \\ \emptyset \end{pmatrix}$$

$$e_y(c_{ijk}) := p(c_{ijk}) + \lambda_2 \begin{pmatrix} \emptyset \\ l_c \\ \emptyset \end{pmatrix}$$

$$e_z(c_{ijk}) := p(c_{ijk}) + \lambda_3 \begin{pmatrix} \emptyset \\ \emptyset \\ l_c \end{pmatrix}$$

$$(\emptyset \leq \lambda_i < 1),$$

die Flächen $f_x(c_{ijk}), f_y(c_{ijk}), f_z(c_{ijk})$ als

$$f_x(c_{ijk}) := \left\{ \vec{r} \mid \vec{r} \in c_{ijk} \wedge \vec{r} \in Pl_{xi} \right\}$$

$$f_y(c_{ijk}) := \left\{ \vec{r} \mid \vec{r} \in c_{ijk} \wedge \vec{r} \in Pl_{yj} \right\}$$

$$f_z(c_{ijk}) := \left\{ \vec{r} \mid \vec{r} \in c_{ijk} \wedge \vec{r} \in Pl_{zk} \right\} \quad \square$$

Wir können nun eine Abbildung $I : R^3 \rightarrow R_c$ angeben, die einem Punkt $\vec{p}$ einen Kubus c_{ijk} zuordnet. Die Indizes von c_{ijk} berechnen sich zu [1]

$$i := \begin{cases} x_p \ div \ l_c & f\ddot{u}r \ x_p \geq \emptyset \vee x_p \ mod \ l_c = \emptyset \\ (x_p \ div \ l_c) - 1 & sonst \end{cases}$$

$$j := \begin{cases} y_p \ div \ l_c & f\ddot{u}r \ y_p \geq \emptyset \vee y_p \ mod \ l_c = \emptyset \\ (y_p \ div \ l_c) - 1 & sonst \end{cases}$$

$$k := \begin{cases} z_p \ div \ l_c & f\ddot{u}r \ z_p \geq \emptyset \vee z_p \ mod \ l_c = \emptyset \\ (z_p \ div \ l_c) - 1 & sonst \end{cases}$$

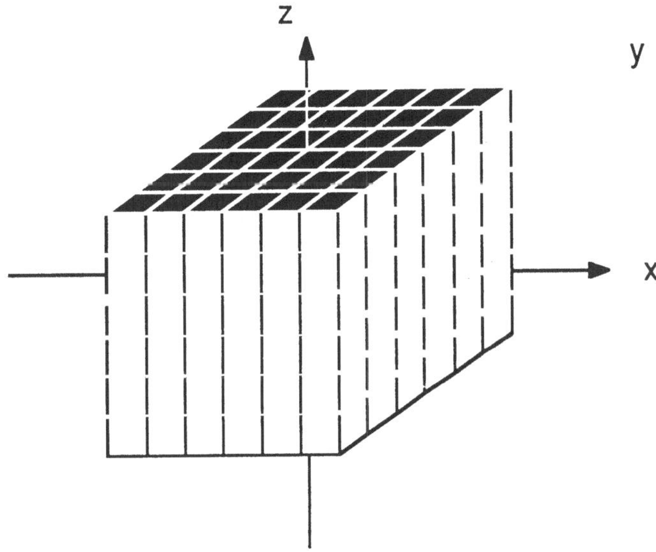

Abb. 3.1.1 : Veranschaulichung des Kubusraums

---

1 div stehe dabei für die ganzzahlige Division, d.h. $div := (x_p - x_p \ mod \ l_c)/l_c$

3.2 Abbildung der Hindernisse in den Kubusraum

Zur Abbildung der realen Hindernisse in den Kubusraum verwenden wir eine hierarchisch-rekursive Zerlegung der Hindernisse durch Ebenen des Kubusraumes (siehe Algorithmus 3.2.1). Ein Hindernis liegt dabei immer in einem umhüllenden Quader, der von Ebenen des Kubusraums begrenzt wird. Der Startquader des Algorithmus ist gerade der gesamte Kubusraum. Senkrecht zu der längsten Kante dieses Quaders wird durch die Mitte dieser Kante eine Schnittebene gelegt und der Quader anhand dieser Schnittebene in zwei Hälften zerlegt. Wird das Hindernis dabei von der Schnittebene getroffen, so wird es ebenfalls in zwei Hälften zertrennt. Diese Hälften liegen somit in den neu gebildeten Teilquadern des ursprünglichen Quaders.

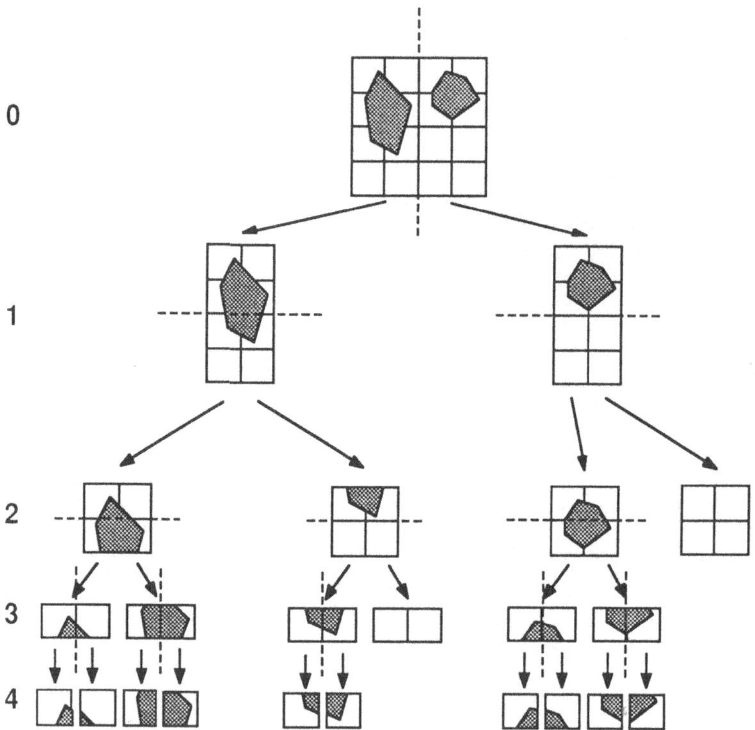

Abb. 3.2.1 : Einfaches Beispiel zur Funktionsweise von SPLIT : der Kubusraum enthält zu Beginn zwei Objekte und wird sukzessive in immer kleinere Teilquader zerlegt; ist ein Quader ganz leer oder ganz voll oder ist die Kubengröße erreicht (Rekursionsstufe 4), so bricht die Rekursion ab

Die Zerteilung wird rekursiv auf die entstehenden Hälften bzw. Teilquader angewendet. Die Rekursion bricht ab, wenn

— entweder die Kubengröße von einem Teilquader unterschritten wird

— oder ein Teilquader vollständig von einem Objekt ausgefüllt ist.

— oder ein Teilquader vollkommen leer ist.

Algorithmus 3.2.1

SPLIT(*Quader*, *Objektliste*);
Finde die längste Kante e_{max} von *Quader*;
IF Länge(e_{max}) = l_c THEN {Dann ist *Quader* ein Kubus} Markiere diesen Kubus;
    ELSE
        BEGIN
        Wähle Schnittebene senkrecht zu und in der Mitte von e_{max};
        {Die Teilquader beiderseits der Ebene seien $Quader_1$ und $Quader_2$}
        WHILE *Objektliste* nicht leer DO
            BEGIN
            Vermindere *Objektliste* um *Objekt*;
            Prüfe, auf welcher Seite der Ebene *Objekt* liegt und
            ordne es $Liste_1$ bzw. $Liste_2$ zu;
            Falls *Objekt* die Ebene schneidet, bilde die resultierenden
            Objekte und ordne sie $Liste_1$ bzw. $Liste_2$ zu;
            END
        FOR i := 1 TO 2 DO
            BEGIN
            IF $Liste_i$ gerade 1 Objekt enthält und das Objekt $Quader_i$ ganz ausfüllt
            THEN markiere alle Kuben in $Quader_i$
                ELSE IF $Liste_i$ nicht leer THEN SPLIT($Quader_i$,$Liste_i$);
            END
        END
END

Abb. 3.2.1 zeigt ein einfaches zweidimensionales Beispiel zur Funktionsweise des Algorithmus.

3.3 Abbildung des Roboterarbeitsraums in den Kubusraum

Bei der Wegsuche durch den siebendimensionalen Konfigurationsraum (siehe Kap. 6) wird eine Sequenz benachbarter Kuben gesucht, durch deren Mittelpunkte die Bahn für den Referenzpunkt J_w des Roboterarms führen soll. Es muß daher auch sichergestellt sein, daß der Roboterarm diese Positionen überhaupt erreichen kann, damit die geplante Bewegung auch tatsächlich ausführbar ist. Wir bilden daher den Roboterarbeitsraum in den Kubusraum ab. Wir erhalten dadurch für jeden Kubus des Kubusraums die Information, ob er zum Arbeitsraum gehört oder nicht. Zunächst präzisieren wir den Begriff des Arbeitsraums :

Def. 3.3.1 Wir nennen einen Punkt $\vec{p} \in R^3$ durch den Arm erreichbar (a-erreichbar) in einem kinematischen Zustand Z, falls sich eine Gelenkwinkelkonfiguration realisieren läßt, so daß der Referenzpunkt J_w am Ort $\vec{p}$ liegt und die Gelenkwinkel in den für den Zustand Z erlaubten Intervallen liegen $\square$

Def. 3.3.2 Den Arbeitsraum A_Z definieren wir als die Menge aller Punkte, die für einen kinematischen Zustand Z a-erreichbar sind $\square$

Es existiert also ein Arbeitsraum für jeden kinematischen Zustand. Ein A_Z ist ein komplexer Körper mit gekrümmten Flächen. Allen A_{Zi} ist gemeinsam, daß sie nach außen von einer Kugel mit Radius r_s und nach innen durch einen Zylinder um die z-Achse mit Radius r_c begrenzt werden (siehe Abb. 3.3.1 und auch Abb. 2.2.2, 2.2.3 und 2.2.4), wobei

$$r_s = \left(\left(\frac{l_{f1}+l_{f2}}{2} \right)^2 + \left(l_{u3}+l_{f3} \right)^2 \right)^{1/2}$$

$$r_c = \frac{l_{f1}+l_{f2}}{2} \; .$$

Konstruktionsbedingt ergeben sich für die erste Achse des Roboters zwei Endanschläge und dadurch ein toter Bereich. Durch diese Endanschläge des Winkels Θ_1 wird aus dem verbleibenden Körper noch ein vertikales Segment ausgeschnitten (siehe Abb. 3.3.1).

Betrachten wir nun einen vertikalen Schnitt durch die Kugel (siehe Abb. 3.3.2). Bezüglich eines lokalen Koordinatensystems (t,u) muß J_w im Zustand (r) in der positiven t-Halbebene und im Zustand (l) in der negativen t-Halbebene liegen. Für jeden kinematischen Zustand Z_i ergeben sich durch die Endanschläge von Θ_2 und Θ_3 eine oder mehrere Flächen F_{Zi}, deren Punkte a-erreichbar sind. Diese Flächen werden begrenzt von kreisförmigen und geradlinigen Kanten. Die entsprechenden Schnittpunkte und Kantenzüge können durch Schnitt der relevanten Geraden und Kreise berechnet werden.

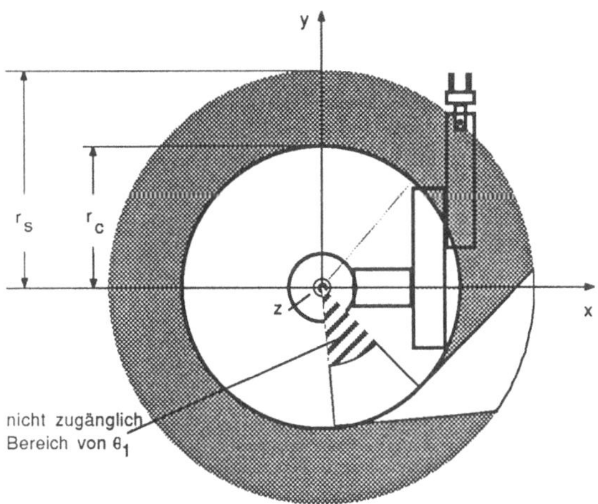

Abb. 3.3.1 : Horizontaler Schnitt durch die Mitte der Arbeitsraumkugel (dunkle Fläche), hier für den Zustand (r). Aus den Endanschlägen der Achse 1 ergibt sich ein nicht a-erreichbarer Bereich

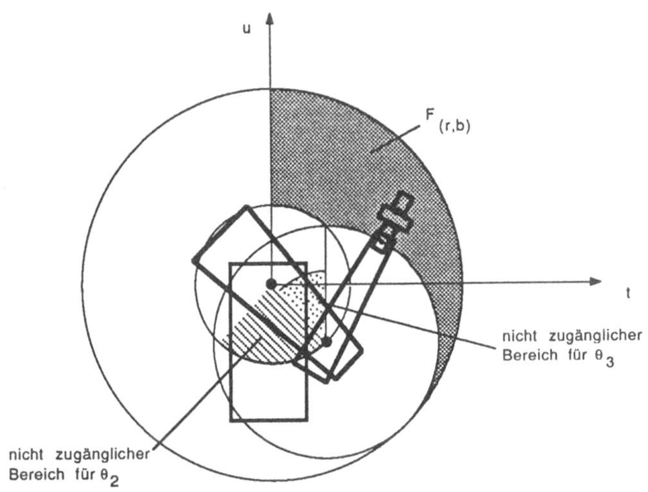

Abb. 3.3.2 : Vertikaler Schnitt tangential zu dem Zylinder des Arbeitsraums; durch Endanschläge von Θ_2 und Θ_3 ergeben sich a-erreichbare und nicht a-erreichbare Flächen innerhalb des äußeren Kreises. Hier ist z.B. $F_{(r,b)}$ als dunkle Fläche gezeigt

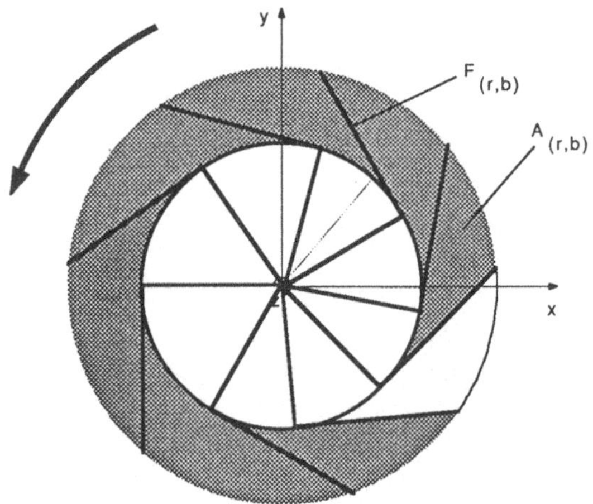

Abb. 3.3.3 : Horizontaler Schnitt durch die Mitte der Arbeitsraumkugel; der Arbeitsraum $A_{(r,b)}$ wird durch Rotation der Fläche $F_{(r,b)}$ um die z-Achse gebildet

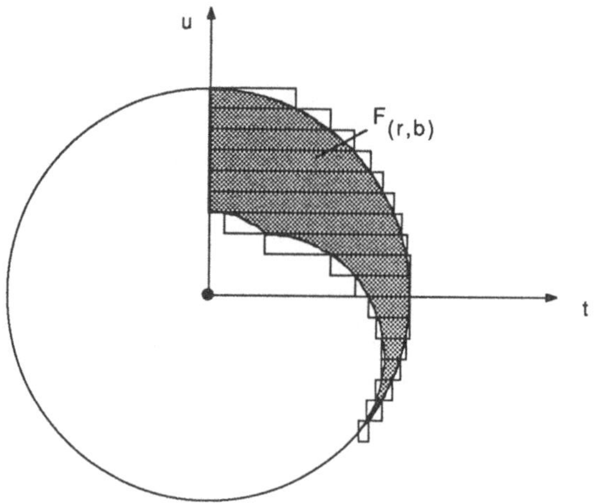

Abb. 3.3.4 : Aufteilung von $F_{r,b}$ entsprechend der horizontalen Schichten des Kubusraums

Diese Berechnungen sind etwas langwierig und werden daher hier nicht näher ausgeführt. Wir wenden uns stattdessen der Frage zu, wie man ausgehend von diesen F_{Zi} zur Abbildung der A_{Zi} in den Kubusraum gelangt. Die A_{Zi} kann man als Rotationskörper auffassen, die durch Rotation der F_{Zi} um die z-Achse entstehen (siehe Abb. 3.3.3). Zur Abbildung in den Kubusraum müsssen wir die dabei überstrichenen Kuben markieren. Hierzu gehen wir schrittweise in einzelnen horizontalen Schichten von Kuben mit gleicher z-Koordinate vor und bestimmen für jede Schicht die überstrichenen Kuben.

In jeder Schicht wird bestimmt, welcher Teil von F_{Zi} in dieser Schicht liegt (siehe Abb. 3.3.5). Eine Kubusschicht i ist definiert durch zwei aufeinanderfolgende Kubusraumebenen Pl_{zi} und Pl_{zi+1}. Der dazwischen liegende Teil von F_{Zi} läßt sich durch Schnitt mit zwei Geraden L_{zi} und L_{zi+1} bestimmen (siehe Abb. 3.3.5). Diese Geraden seien die Schnittgeraden von Pl_{zi} bzw. Pl_{zi+1} mit der Bildebene. Uns interessieren an diesem Ausschnitt lediglich die minimale und maximale t-Koordinate t_{min} und t_{max}. Ist $\{p_i\}$ die Menge der Eckpunkte des Ausschnitts, so ist

$$t_{min} = \min_{p_i}(t_{p_i}) \quad bzw. \quad t_{max} = \max_{p_i}(t_{p_i})$$

(siehe Abb. 3.3.5). Läßt man die so erhaltene Strecke $\overline{t} = \overline{(t_{min}, u)(t_{max}, u)}$ im Intervall $[\Theta_{1a}, \Theta_{1b}]$ um die z-Achse rotieren, so erzeugt sie eine horizontale Fläche F' (siehe Abb. 3.3.6). F' wird von den Strecken $\overline{p_0 p_1}$ und $\overline{p_2 p_3}$ mit Länge $|\overline{t}|$ und zwei Kreisbögen mit Radien r_1 und r_2 begrenzt (siehe Abb. 3.3.6). Dabei ist (siehe auch Abb. 2.2.2)

$$r_1 = \left(\left(\frac{l_{f1} + l_{f2}}{2} \right)^2 + t_{min}^2 \right)^{1/2}$$

$$r_2 = \left(\left(\frac{l_{f1} + l_{f2}}{2} \right)^2 + t_{max}^2 \right)^{1/2}$$

$$p_0 = \kappa(\theta_{1a} (+) atan(\frac{2 t_{min}}{l_{f1} + l_{f2}}), r_1)$$

$$p_1 = \kappa(\theta_{1a} (+) atan(\frac{2 t_{max}}{l_{f1} + l_{f2}}), r_2)$$

$$p_2 = \kappa(\theta_{1b} (+) atan(\frac{2 t_{max}}{l_{f1} + l_{f2}}), r_2)$$

$$p_3 = \kappa(\theta_{1b} (+) atan(\frac{2 t_{min}}{l_{f1} + l_{f2}}), r_1)$$

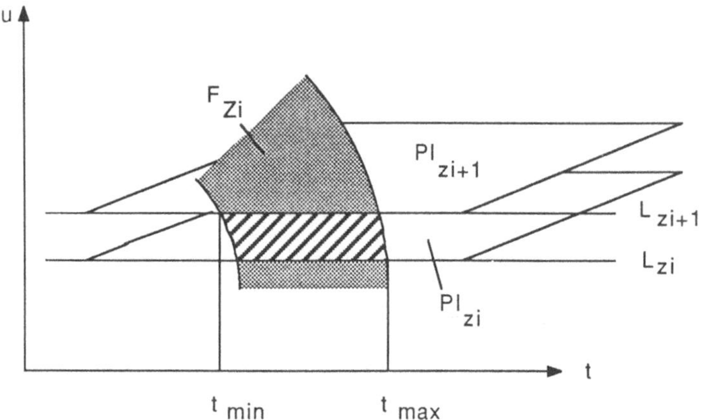

Abb. 3.3.5 : Bestimmung des Ausschnitts aus $F_{r,b}$ entsprechend der horizontalen Kubusschicht i

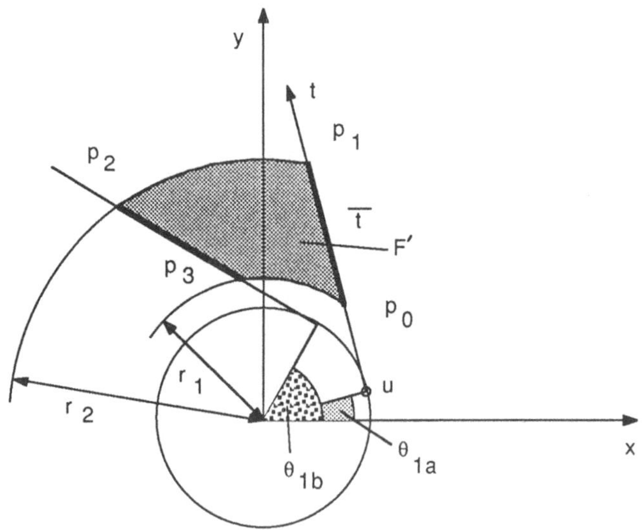

Abb. 3.3.6 : Bestimmung von F' (dunkle Fläche)

Durch Schnitt der Kanten von F´ mit den Gittergeraden lassen sich sehr einfach die von diesen Kanten geschnittenen Kuben berechnen und im Kubusraum markieren (siehe Abb. 3.3.7) Analog zu Kap. 5.3 bestimmen wir den *inneren Rand* von F´ (siehe Abb. 3.3.7) und verwenden die Zellen des inneren Randes als Startzellen für den Algorithmus FILL (siehe Algorithmus 5.3.3). FILL füllt rekursiv das Innere einer Fläche aus, deren Randzellen bereits markiert sein müssen. Die Rekursion bricht ab, falls auf einer Rekursionsstufe keine unmarkierten Nachbarzellen mehr gefunden werden.

Die beschriebene Vorgehensweise muß natürlich für jeden der vier kinematischen Zustände ausgeführt werden. Als Resultat erhält man also für jeden der vier Kubusräume eine Darstellung der Arbeitsräume in Form der im Arbeitsraum liegenden Kuben.

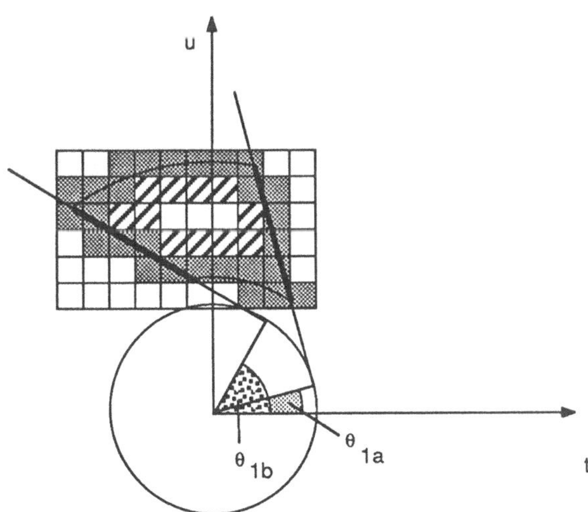

Abb. 3.3.7 : Abbildung des Randes (dunkel unterlegt) und des inneren Randes (schraffiert) von F' in den Kubusraum

4. Berechnung der vierdimensionalen Konfigurationsraumhindernisse des Oberarms

In diesem Kapitel wollen wir uns mit den Konfigurationsraumhindernissen des Oberarms beschäftigen. Betrachten wir zunächst nur einen festen kinematischen Zustand und damit nur einen dreidimensionalen kartesischen Unterraum unseres vierdimensionalen Konfigurationsraums[1]. Dann ist ein solches Konfigurationsraumhindernis die Menge aller Punkte im dreidimensionalen Raum, an denen sich der Referenzpunkt des Arms in einem bestimmten kinematischen Zustand befindet, wenn der Oberarm mit einem bestimmten Hindernis kollidiert.

Bei der Berechnung eines Konfigurationsraumhindernisses berechnen wir zunächst die Winkelintervalle der Roboterachsen eins und zwei (d.h. der Achsen, die die räumliche Lage des Oberarms bestimmen), für die die Oberarm mit dem Hindernis kollidiert. Aus den Winkeln Θ_1 und Θ_2 allein läßt sich aber noch nicht auf die Position des Referenzpunkts schließen, denn es fehlt noch der Wert von Θ_3. Θ_3 wird aber durch die Kollisionsbetrachtung des Oberarms nicht bestimmt, da dieser Winkel ja keinen Einfluß auf die räumliche Lage des Oberarms hat. Wir nehmen daher die für diesen kinematischen Zustand erlaubten Winkelintervalle von Θ_3 hinzu und können aus diesen drei Winkeln das Konfigurationsraumhindernis berechnen. Der Oberarm kollidiere also z.B. für irgendeinen festen Θ_1- und irgendeinen festen Θ_2-Wert. Nimmt man nun einen beliebigen für diesen kinematischen Zustand erlaubten Θ_3-Wert hinzu, dann liegt die resultierende Position des Referenzpunkts in dem zu berechnenden Konfigurationsraumhindernis.

Zunächst werden also die Θ_1-Kollisionsintervalle berechnet (siehe Kap. 4.1). Ein solches Θ_1-Kollisionsintervall wird in aneinandergrenzende disjunkte Subintervalle aufgeteilt (siehe Kap. 4.2). Für jedes Subintervall wird durch Schnitte mit vertikalen Ebenen ein Teilkörper aus dem Hindernis ausgeschnitten. Aus diesem Teilkörper wird eine zweidimensionale Darstellung des Hindernisses in Form eines vertikalen konvexen Hindernispolygons gewonnen (siehe Kap. 4.2). Dieses Hindernispolygon (siehe auch Abb. 4.1) ist sozusagen eine Obermenge aller in diesem Subintervall möglichen Schnittmengen von Symmetrieebenen[2] des Oberarms mit dem Hindernis.

---

1 Zur Erinnerung : der vierdimensionale Konfigurationsraum wird gebildet aus den dreidimensionalen kartesischen Koordinaten des Referenzpunkts J_w des Arms und, als viertem Parameter, den kinematischen Zuständen des Arms. Da es vier kinematische Zustände gibt, besteht der Konfigurationsraum also aus vier verschiedenen dreidimensionalen Unterräumen.

2 d.h. von Ebenen parallel zu E_s

In dieser vertikalen Ebene können nun die Θ_2-Intervalle berechnet werden, für die der Oberarm mit dem Hindernispolygon kollidiert. Dies geschieht durch Kontaktbetrachtungen des zweidimensionalen Abbilds des Oberarms mit dem Hindernispolygon (siehe Kap. 4.3). Für ein solches Θ_2-Kollisionsintervall können in der Ebene E_f die verbotenen Flächen für den Referenzpunkt des Arms bestimmt werden (siehe Abb. 4.1).

Eine solche verbotene Fläche entspricht gerade einer Obermenge aller in diesem Subintervall möglichen Schnittmengen der Ebene E_f mit dem dreidimensionalen Konfigurationsraumhindernis. Für ein solches Subintervall können wir daher das Konfigurationsraumhindernis approximieren, indem wir den von der verbotenen Fläche gebildeten Rotationskörper berechnen. Dieser Rotationskörper wird in den Kubusraum abgebildet, d.h. es werden die von dem Rotationskörper geschnittenen Kuben berechnet.

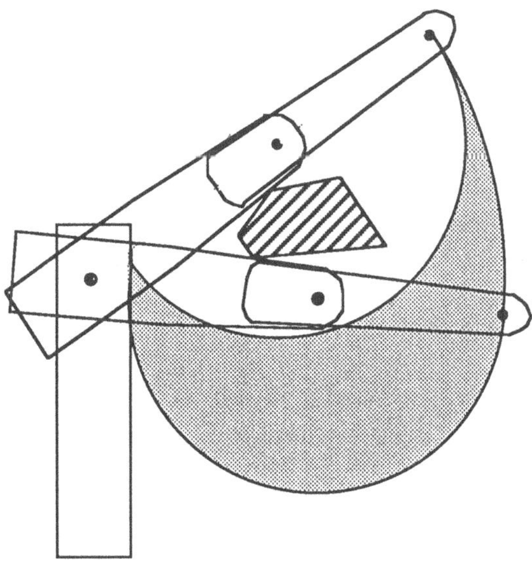

Abb. 4.1 : Beispiel eines zweidimensionalen Konfigurationsraumhindernisses (grau) in der Ebene E_f, hervorgerufen durch Kollisionen des zweidimensionalen Oberarms mit dem zweidimensionalen Objekt (schraffiert) (für den kinematischen Zustand (a))

Zusammengefaßt ergibt sich also die folgende Vorgehensweise :

Algorithmus 4.1

```
Berechne_Oberarm-Konfigurationsraumhindernisse ( M_O );
{M_O sei die Menge der Hindernisse }
WHILE M_O nicht_leer DO
  BEGIN
  entnehme O aus M_O und vermindere M_O um O;
  berechne MK_1, die Menge der Θ_1-Kollisionsintervalle für O;
  WHILE MK_1 nicht_leer DO
    BEGIN
    entnehme ein I_1 aus MK_1 und vermindere MK_1 um I_1;
    teile I_1 in n Subintervalle I_{1,1} ... I_{1,n} auf;
    FOR i := 1 TO n DO
      BEGIN
      berechne das Hindernispolygon für dieses Subintervall;
      Berechne MK_2, die Menge der Θ_2-Kollisionsintervalle für dieses Hindernispolygon;
      WHILE MK_2 nicht_leer DO
        BEGIN
        entnehme ein I_2 aus MK_2 und vermindere MK_2 um I_2;
        berechne MF_j (j = 1..4), die Mengen der verbotenen Flächen für die
        vier kinematischen Zustände;
        FOR j := 1 TO 4 DO
          BEGIN
          WHILE MF_j nicht_leer DO
            BEGIN
            entnehme ein F aus MF_j und vermindere MF_j um F;
            berechne den Rotationskörper für F und bilde diesen in den Kubusraum j ab;
            END
          END
        END
      END
    END
  END
END;
```

4.1 Berechnung der Θ_1-Kollisionsintervalle

Wir berechnen nun die Menge der Θ_1-Kollisionsintervalle. Unter einem Θ_1-Kollisionsintervall $\mathbf{K}_1$ wollen wir ein maximales Θ_1-Intervall verstehen, in dem der Oberarm für jeden Θ_1-Wert für zumindest einen (von Θ_1 abhängigen) Θ_2-Wert mit dem Hindernis kollidiert. Genauer :

Def. 4.1.1 Wir verstehen unter einem Θ_1-Kollisionsintervall $\mathbf{K}_1 = [\Theta_{11}, \Theta_{12}]$ ein Θ_1-Intervall, für das gilt:

1. Für jedes $\Theta_1 \in \mathbf{K}_1$ gilt :
   $\exists\, \Theta_2 = f(\Theta_1)$: der Oberarm kollidiert für die Konfiguration (Θ_1, Θ_2) mit dem Hindernis.

2. $\mathbf{K}_1$ ist maximal, d.h. es existieren Intervalle $(\Theta_{11}-\delta, \Theta_{11})$ und $(\Theta_{12}, \Theta_{12}+\delta)$ mit $\delta > 0$, für deren Θ_1-Werte gilt:
   es existiert kein Θ_2-Wert, so daß der Oberarm mit dem Hindernis kollidiert $\square$

Die Menge dieser Θ_1-Kollisionsintervalle ist genau dann leer, wenn der Oberarm überhaupt nicht mit dem Objekt kollidieren kann. Ansonsten gibt es, wie wir noch sehen werden, maximal zwei dieser Kollisionsintervalle.

An einer der Intervallgrenzen eines Kollisionsintervalls berührt der Oberarm also gerade das Objekt für mindestens einen Θ_2-Wert, während sich aber für keinen einzigen Θ_2-Wert innere Punkte (also Punkte unter der Oberfläche) von Oberarm und Objekt überschneiden. Zur Berechnung der Intervallgrenzen können wir also so vorgehen, daß wir alle diejenigen geometrischen Konfigurationen untersuchen, für die dies der Fall sein kann. Für ein festes Θ_1 und für $\Theta_2 \in [0, 2\pi]$ überstreicht der Oberarm das Volumen eines Zylinders C mit horizontaler Achse. Berühren sich nur die Oberflächen von C und O (d.h. ohne Überschneidungen innerer Punkte von C und O), so liegt eine solche gesuchte Konfiguration vor und Θ_1 liegt dabei auf der Intervallgrenze eines Kollisionsintervalls.

Bei der Berechnung der Intervalle können wir drei Fälle unterscheiden :

1. Es existiert kein $\mathbf{K}_1$, da der Oberarm mit dem betreffenden Hindernis gar nicht in Kontakt kommen kann.

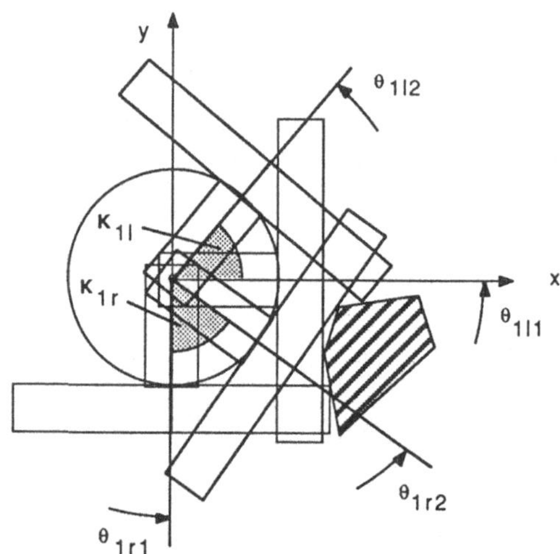

Abb. 4.1.1 : Draufsicht auf den Arbeitsraum mit dem vom Oberarm überstrichenen Zylinder in verschiedenen Drehlagen. Es existieren zwei Kollisionsintervalle K_{1l} und K_{1r}, in denen der Oberarm mit dem Objekt kollidieren kann.

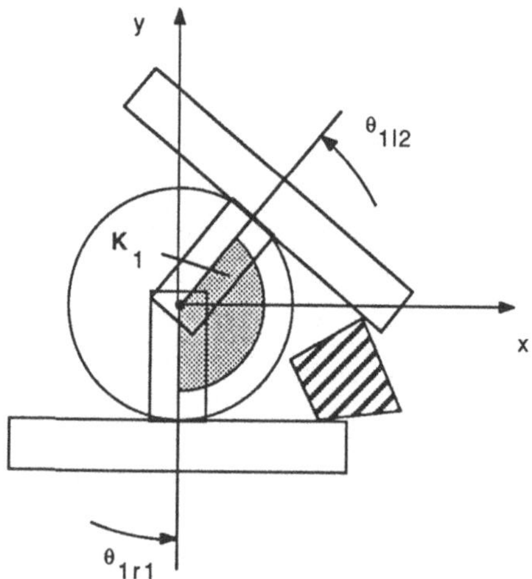

Abb. 4.1.2 : Die beiden Kollisionsintervalle sind zu einem Intervall K_1 verschmolzen

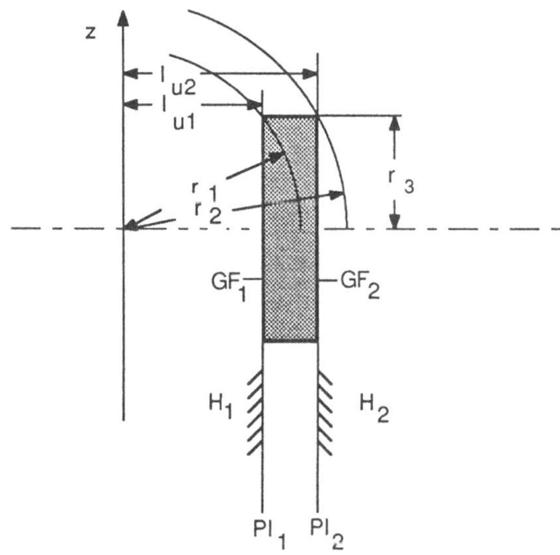

Abb. 4.1.3 : Vertikaler Schnitt durch den vom Oberarm überstrichenen Zylinder (dunkle Fläche) mit den Bezeichnungen der geometrischen Größen

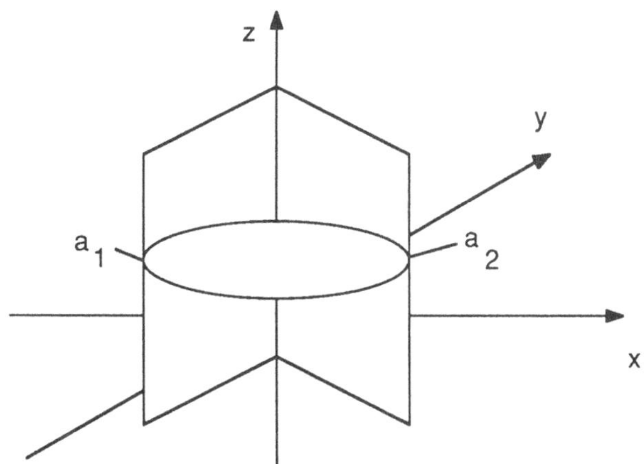

Abb. 4.1.4 : Aus der Kugel S_1 bzw. S_2 geschnittener Kreis; a_1 und a_2 sind die Punkte, in denen Ebenen durch die z-Achse den Kreis tangieren

2.   Es existieren zwei Intervalle $\mathbf{K}_{1l} = [\Theta_{1l1}, \Theta_{1l2}]$ und $\mathbf{K}_{1r} = [\Theta_{1r1}, \Theta_{1r2}]$ (siehe Abb. 4.1.1). Aufgrund der zweideutigen Lösungen der inversen Koordinatentransformation unterscheiden wir zwischen Intervallgrenzen, die auf (l)-Lösungen (Indizierung l) oder (r)-Lösungen (Indizierung r) zurückgehen. Außerdem unterscheiden wir nach der Reihenfolge der Intervallgrenzen zwischen l_1, l_2 bzw. r_1, r_2. Der (l)-Kontakt, der bei Drehen des Zylinders in mathematisch positiver Richtung zuerst auftritt, wird mit l_1 bezeichnet, der zweite mit l_2. Entsprechendes gilt für (r).

3.   Es existiert nur ein Intervall $\mathbf{K}_1 = [\Theta_{1r1}, \Theta_{1l2}]$. Dies ist der Fall, wenn das Objekt ″nahe″ am Koordinatenursprung liegt (siehe Abb. 4.1.2), so daß die beiden Intervalle zu einem Intervall verschmelzen.

Wir wollen nun die Intervallgrenzen schrittweise durch Berechnen der möglichen Oberflächenkontakte zwischen dem Zylinder und dem Objekt berechnen. Solche Kontakte können an den beiden Grundflächen GF_1 und GF_2 des Zylinders, seiner Mantelfläche MF und seinen Kanten E_1 und E_2 auftreten. Pl_1 und Pl_2 seien die Ebenen, in denen GF_1 und GF_2 liegen und H_1 und H_2 seien die durch diese Ebenen definierten abgeschlossenen Halbräume mit nach außen zeigenden Normalen (siehe hierzu Abb. 4.1.3). S_1 und S_2 seien zwei Kugeln mit Mittelpunkt im Ursprung des Koordinatensystems und Radien r_1 und r_2, wobei

$$r_1 = (l_{u1}^2 + r_3^2)^{1/2}$$

$$r_2 = (l_{u2}^2 + r_3^2)^{1/2} \ .$$

r_3 sei der Radius des Zylinders, d.h. der maximale Abstand eines Eckpunkts v_{ui} des Oberarms zur Achse 2.

Eine Seitenfläche GF_k ist mit O in Kontakt, wenn einer oder mehrere der Eckpunkte von O in GF_k liegen. Liegt zusätzlich der Rest von O in H_k, so liegt ein reiner Oberflächenkontakt vor. Für einen Kontakt mit GF_1 kommen nur Eckpunkte von O in Frage, die innerhalb von S_1 oder auf der Oberfläche von S_1 liegen. Wir bezeichnen die Menge der Eckpunkte von O innerhalb (aber nicht auf der Oberfläche) von S_1 mit M_1. Die Kante E_1 kann nur mit Punkten auf der Oberfläche von O in Kontakt kommen, die auf der Oberfläche von S_1 liegen. Die Menge der Schnittpunkte von O mit S_1 sei M_2.

Für einen Kontakt mit GF_2 kommen Eckpunkte innerhalb oder auf der Oberfläche von S_2 in Frage. Die Menge der Punkte innerhalb (aber nicht auf der Oberfläche) von S_2, vermindert um M_1 und M_2, sei M_3. Die Kante E_2 kann nur mit Punkten auf der Oberfläche von O in Kontakt kommen, die auf der Oberfläche von S_2 liegen. Die Menge dieser Punkte sei M_4. Die Vereinigungsmenge dieser vier M_i sei M_{tot}.

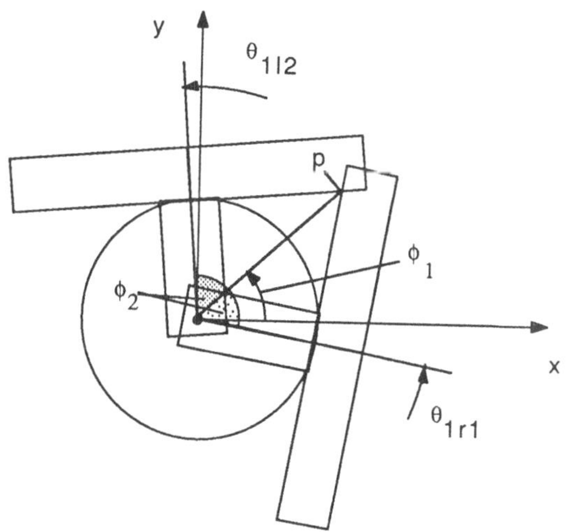

Abb. 4.1.5 : Berechnung von Θ_{1l2} und Θ_{1r1}

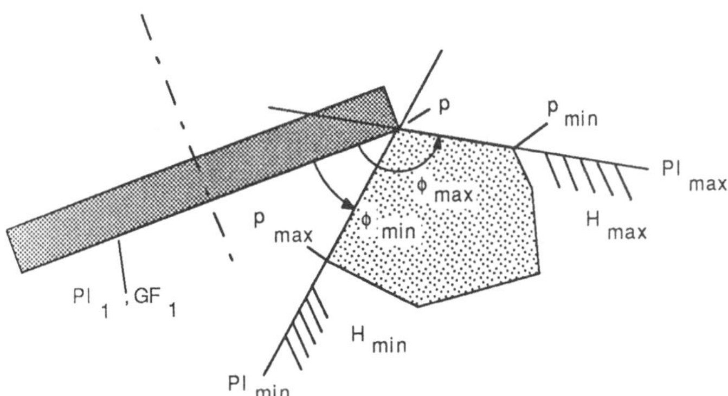

Abb. 4.1.6 : Beispiel der Realisierung von Θ_{1l2} durch einen E_1-O-Kontakt

M_1 und M_3 können einfach berechnet werden. M_2 und M_4 werden berechnet durch den Schnitt von Kanten und Flächen von O mit S_1 bzw S_2. Aber nicht alle Punkte der Schnittmenge einer Objektfläche mit S_1 bzw. S_2 sind relevant, sondern nur zwei Punkte a_1 und a_2. Alle anderen Punkte der Schnittmenge verletzen die Bedingung des reinen Oberflächenkontakts. a_1 und a_2 kann man sich folgendermaßen veranschaulichen. Die Ebene, die die Objektfläche enthält, schneidet einen Kreis aus der Kugeloberfläche (siehe Abb. 4.1.4). Läßt man eine die z-Achse enthaltende Ebene um die z-Achse rotieren, so berührt die Ebene bei genau zwei[1] Winkelwerten den Kreis in einem Punkt, nämlich in den Punkten a_1 und a_2. a_1 und a_2 können durch Vektorgleichungen und sich daraus ergebende Gleichungssysteme berechnet werden, was hier nicht näher ausgeführt wird. Sind a_1 und a_2 berechnet, muß noch geprüft werden, ob sie überhaupt in der Objektfläche enthalten sind[2].

Ist $M_{tot} = \emptyset$, so ist O kein Hindernis für den Oberarm und wir sind fertig. Andernfalls berechnen wir zuerst $\Theta_{1|2}$, die obere Grenze des Kollisionsintervalls:

1. Wir prüfen zunächst für jeden Punkt $p \in M_1$, ob sich für ihn ein reiner Oberflächenkontakt mit GF_1 realisieren läßt. Geht GF_1 durch p, so muß der Rest von O vollständig in H_1 liegen, sonst gibt es irgend einen (beliebigen) Punkt p' von O mit einem größeren Θ_1-Wert. Liegen also alle Punkte aus M_{tot} in H_1, so liegt O vollständig in H_1 und wir können $\Theta_{1|2}$ berechnen zu (siehe Abb. 4.1.5):

$$\theta_{1|2}=\phi_1(+)\phi_2$$

$$mit \quad \phi_1=\Omega(p), \quad \phi_2=acos\frac{l_{u1}}{(x_p^2+y_p^2)^{1/2}}$$

Erfüllt kein $p \in M_1$ diese Bedingung, dann prüfen wir als nächstes ob sich $\Theta_{1|2}$ durch einen E_1-O-Kontakt realisieren läßt:

2. Für jeden Punkt $p \in M_2$ versuchen wir mit Hilfe der restlichen Punkte aus M_{tot} zwei Halbräume H_{min} und H_{max} zu konstruieren, in denen O liegen soll. Aus der Lage der Halbräume relativ zum Zylinder können wir erkennen, ob ein reiner Oberflächenkontakt vorliegt. Die Ebenen von H_{min} und H_{max} seien Pl_{min} und Pl_{max}. Pl_{min} und Pl_{max} sollen tangential an E_1 in p sein und die Punkte p_{min} bzw. p_{max} enthalten. ϕ sei der eingeschlossene Winkel zwischen Pl_1 und $Pl_{min/max}$ (siehe Abb. 4.1.6). Wir berechnen

$$\phi_{min} = \min_{p_i \in M_{tot}} (\phi_i) \quad bzw. \quad \phi_{max} = \max_{p_i \in M_{tot}} (\phi_i) \, .$$

---

1 von einigen Sonderfällen abgesehen, die hier aus Platzgründen nicht weiter ausgeführt werden

2 Wenn die Ebene die Kugel schneidet, muß ja nicht notwendigerweise die in der Ebene liegende Objektfläche die Kugel ebenfalls schneiden.

Ist

$$\phi_{\max} > \frac{3\pi}{2} \quad oder \quad \phi_{\max}(-)\phi_{\min} > \pi \,,$$

dann gibt es irgendein p' mit größerem Θ_1-Wert und wir können p verwerfen. Finden wir ein p, das die Bedingungen erfüllt, so können wir Θ_{1l2} analog zu Schritt 1 berechnen. Ansonsten untersuchen wir im nächsten Schritt, ob sich Θ_{1l2} durch einen MF-O- oder E_2-O-Kontakt realisieren läßt:

3. Wir prüfen für jeden Punkt $p \in M_3 \cup M_4$ ob O in einem Halbraum H liegt (siehe Abb. 4.1.7). H wird gebildet durch eine p enthaltende Ebene PL und deren Normalenvektor vom Koordinatenursprung nach p. O liegt in H, wenn alle $p_i \in M_{tot}$ in H liegen. Θ_{1l2} ergibt sich dann zu (siehe Abb. 4.1.7):

$$\theta_{1l2} = \phi_1(+)\phi_2$$

$$\phi_1 = \Omega(p)$$

$$\phi_2 = asin\frac{t_p}{(x_p^2+y_p^2)^{1/2}}$$

$$t_p = (r_3^2-u_p^2)^{1/2}$$

Als nächstes wird Θ_{1r1} berechnet. Für Schritte 1 bis 3 ergibt sich Θ_{1r1} zu (siehe Abb. 4.1.5 und 4.1.7):

$$\theta_{1r1} = \phi_1(-)\phi_2$$

Wir prüfen nun, ob ein oder zwei Kollisionsintervalle existieren. Hierzu berechnen wir zunächst Θ_{1l1}:

1. Analog zu Schritt 1 bei der Berechnung von Θ_{1l2} untersuchen wir für $p_i \in M_1 \cup M_2 \cup M_3$, ob sich ein GF_2-O-Kontakt realisieren läßt. Falls nicht, versuchen wir in Schritt

2. für $p_i \in M_4$ einen E_2-O-Kontakt analog zu Schritt 2 zu berechnen.

Existiert ein Θ_{1l1}, so existiert auch ein Θ_{1r2}, das wir analog berechnen können.

Im letzten Schritt werden nun noch die erhaltenen Kollisionsintervalle bereinigt von den Θ_1-Werten, die aufgrund von Endanschägen der Achse 1 nicht realisiert werden können.

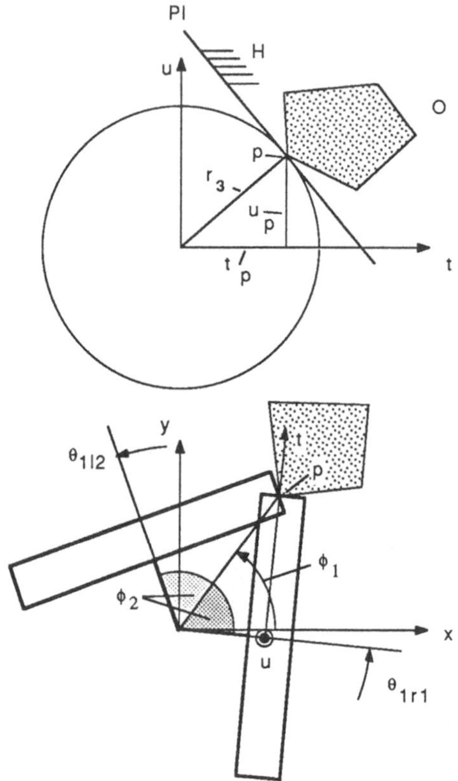

Abb. 4.1.7 : Beispiel der Realisierung von Θ_{1l2} durch einen MF-O-Kontakt

4.2 Aufteilung der Θ_1-Kollisionsintervalle

Wie bereits erwähnt kann man für ein festes $\Theta_1{}'$ die Kollisionsbetrachtung zwischen Oberarm und Objekt in der durch $\Theta_1{}'$ definierten vertikalen Ebene E_u durchführen. Man erhält ein zweidimensionales Konfigurationsraumhindernis, das dem Schnitt des dreidimensionalen Konfigurationsraumhindernisses mit der Ebene E_f entspricht. Man könnte dieses zweidimensionale Hindernis in den Kubusraum abbilden und für $\Theta_1 = \Theta_1{}' + i\delta$ entsprechend verfahren, so lange, bis das Θ_1-Kollisionsintervall erschöpft ist. Für diese diskreten Θ_1-Werte wäre das Ergebnis auch vollkommen korrekt, was aber mit den dadurch nicht erfassten Zwischenwerten? Für irgendeinen Zwischenwert könnte ja z.B. ein Kubus zum Konfigurationsraumhindernis gehören, der durch die Abbildungen an den beiden umrahmenden diskreten Θ_1-Werten nicht erfaßt ist.

Das Problem wird folgendermaßen gelöst. Statt diskrete Θ_1-Werte zu wählen, wird das Θ_1-Kollisionsintervall in disjunkte Subintervalle gleicher Größe aufgeteilt. Für jedes dieser Intervalle wird das dabei überstrichene Volumen des Oberarms berechnet und mit dem realen Hindernis geschnitten. Die Eckpunkte des entstehenden Körpers werden auf eine vertikale Ebene projiziert und davon die konvexe Hülle bestimmt. Für dieses konvexe Polygon wird, stellvertretend für alle Θ_1-Werte aus dem Intervall, die zweidimensionale Kollisionsbetrachtung durchgeführt (siehe Kap. 4.3). Dieses Polygon stellt daher eine konservative Approximation aller in diesem Intervall möglichen Schnittpolygone an diskreten Θ_1-Werten dar (wie noch zu zeigen sein wird). Dadurch sind die berechneten Θ_2-Kollisionsintervalle auch konservative Approximationen aller im Intervall möglichen realen Θ_2-Kollisionsintervalle.

Die Größe der Intervalle wird auf einen willkürlichen Wert (> 0) festgelegt[1]. Sei $[\Theta_{1a},\Theta_{1b}]$ ein dadurch entstehendes Intervall. Wie in Kap. 4.1 seien Pl_1 und Pl_2 die Ebenen, in denen die Grundflächen GF_1 und GF_2 des Zylinders liegen. Pl_{1a}, Pl_{1b}, Pl_{2a}, Pl_{2b} seien die Bezeichnungen dieser Ebenen an den durch Θ_{1a} bzw. Θ_{1b} festgelegten Positionen (siehe Abb. 4.2.1). H_{1a}, H_{1b}, H_{2a}, H_{2b} seien die Halbräume, die durch diese Ebenen und deren zum Oberarminneren zeigenden Normalen definiert sind. Wir definieren zusätzlich eine Ebene Pl_3, die durch die beiden Tangentialpunkte von Pl_{1a} und Pl_{1b} an den Kreis um den Ursprung mit Radius l_{u1} geht. Durch Pl_3 und ihre vom Ursprung wegzeigende Normale sei ein Halbraum H_3 bestimmt.

Man kann nun den Raum, den der Oberarm im Intervall $[\Theta_{1a},\Theta_{1b}]$ überstreicht, durch diese Halbebenen approximieren (siehe Abb. 4.2.2):

$$(H_{2a} \cup H_{2b}) \cap (H_{1a} \cup H_{1b} \cup H_3)$$

---

1 Bei der Implementierung wird dieser Wert aus der Größe des Θ_1-Kollisionsintervalls so berechnet, daß er zwischen einer sinnvollen Ober- und Untergrenze liegt.

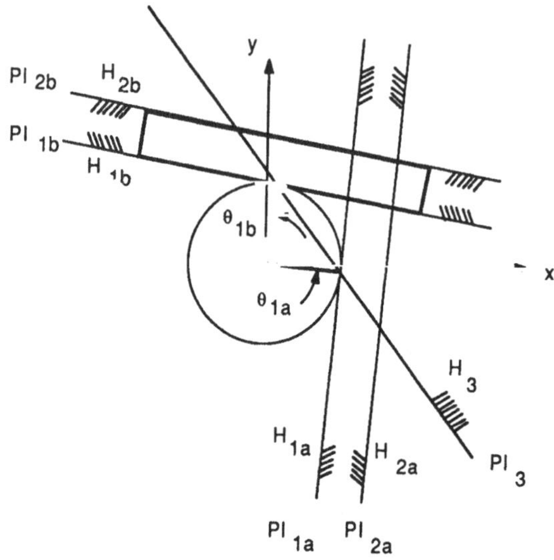

Abb. 4.2.1 : Bezeichnungen geometrischer Größen für ein Intervall $[\Theta_{1a}, \Theta_{1b}]$

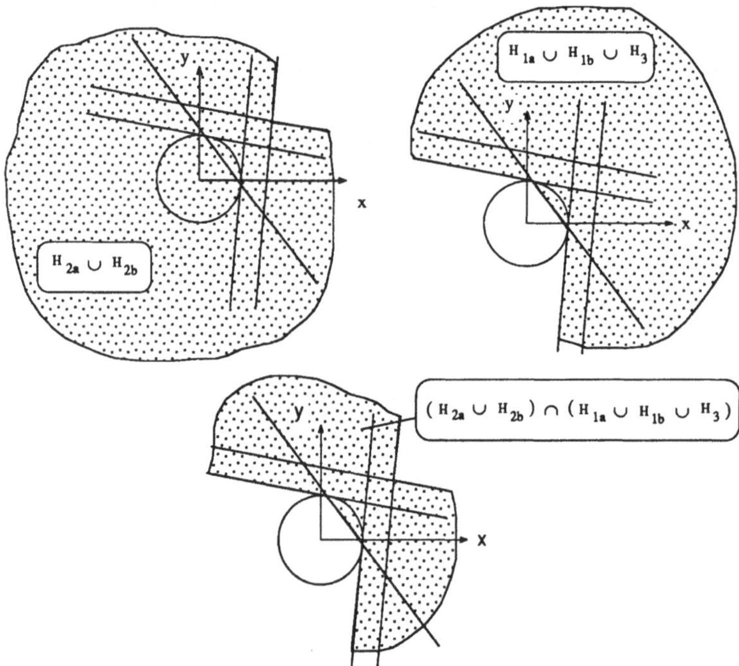

Abb. 4.2.2 : Approximation des vom Oberarm im Intervall $[\Theta_{1a}, \Theta_{1b}]$ überstrichenen Volumens durch verschiedene Halbebenen

$S(O, H_i) \rightarrow O_1, O_2$ sei eine Schnittoperation, die ein Objekt O entlang der Begrenzungsebene des Halbraums H_i in zwei Teilobjekte O_1 und O_2 zerlegt, wobei O_1 das Teilobjekt sei, das auf der Seite von H_i liege. Durch

$$
\begin{aligned}
S(O, H_{2a}) &\rightarrow O_1, O_2 \\
S(O_2, H_{2b}) &\rightarrow O_3, O_4 \\
S(O_1, H_{1b}) &\rightarrow O_5, O_6 \\
S(O_6, H_3) &\rightarrow O_7, O_8 \\
S(O_8, H_{1a}) &\rightarrow O_9, O_{10}
\end{aligned}
$$

erhalten wir eine Darstellung der Schnittmenge des vom Oberarm überstrichenen Raums mit dem Objekt O in Form von maximal vier Polyedern O_3, O_5, O_7 und O_9 (siehe Abb. 4.2.3).

Betrachten wir nun einen beliebigen Punkt p eines der O_i. Der Arm habe einen Θ_1-Wert, so daß der Oberarm für irgendeinen Θ_2-Wert mit p in Kontakt ist. Legen wir nun eine Ebene E durch p, die parallel zu der Symmetrieebene E_u des Oberarms ist (siehe Abb. 4.2.4 a.). Legen wir in E ein Koordinatensystem (t, u) mit horizontaler t-Achse und Ursprung auf der Achse 2 des Roboters fest, dann besitzt p darin irgendwelche Koordinaten (t_p, u_p) (siehe Abb. 4.2.4 b.). Drehen wir nun den Arm ein kleines Stück weiter auf einen Winkelwert $\Theta_1{}'$, wobei wir uns E', t', u' entsprechend denken (siehe Abb. 4.2.4 c.). p hat dann in E' die Koordinaten $(t_{p'}, u_{p'})$, wobei die t-Koordinate sich geändert hat, während die u-Koordinate gleich geblieben ist (siehe Abb. 4.2.4 d.).

Welche Konsequenz hat diese Koordinatenänderung? Stellen wir uns p z.B. auf der Oberfläche des Hindernisses vor. Betrachtet man nun den Kontakt des Schnittpolygons des Oberarms mit E bzw. E' mit p in den beiden Situationen, so ergibt sich jeweils ein anderer Θ_2-Wert (siehe Abb. 4.2.5). Dieser Θ_2-Wert verändert sich also mit dem t-Wert von p. Wenn wir für jeden Punkt p den bezüglich der t-Koordinate minimalen Punkt $(t_{p,min}, u_p)$ und den maximalen Punkt $(t_{p,max}, u_p)$ für Θ_1-Werte aus $[\Theta_{1a}, \Theta_{1b}]$ bestimmen und die ganze Strecke zwischen den beiden Punkten in unser zweidimensionales Konfigurationsraumhindernis aufnehmen, dann können aus dieser Strecke alle Θ_2-Werte berechnet werden, die auch in der dreidimensionalen Darstellung berechnet werden könnten.

Zur Bestimmung dieser bezüglich der t-Koordinaten minimalen und maximalen Punkte verwenden wir die folgende Projektionsmethode. Dabei projizieren wir jeden Eckpunkt der O_i $(i = 3, 5, 7, 9)$ sowohl auf Pl_{1b} als auch auf Pl_{2a} mit Hilfe der Projektionen P^- und P^+:

Def. 4.2.1 p sei ein beliebiger Punkt eines der O_i. Wir bezeichnen den Punkt, der sich aus der Parallelprojektion von p auf Pl_{1b} ergibt mit $P^-(p)$ und den Punkt, der sich aus der Parallelprojektion von p auf Pl_{2a} ergibt mit $P^+(p)$ $\square$

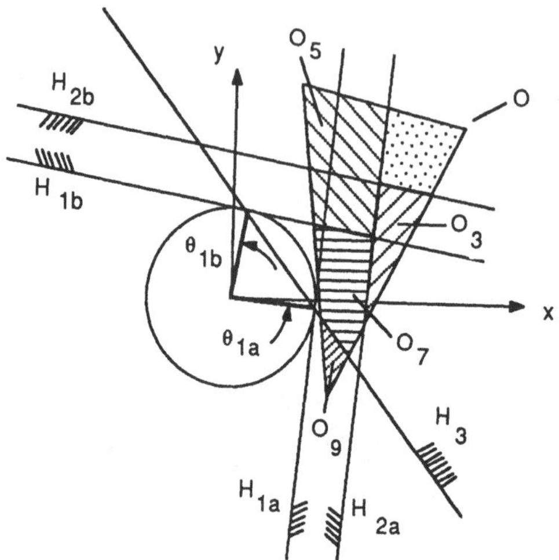

Abb. 4.2.3 : Schnittmenge des vom Oberarm im Intervall $[\Theta_{1a}, \Theta_{1b}]$ überstrichenen Volumens mit dem Objekt O

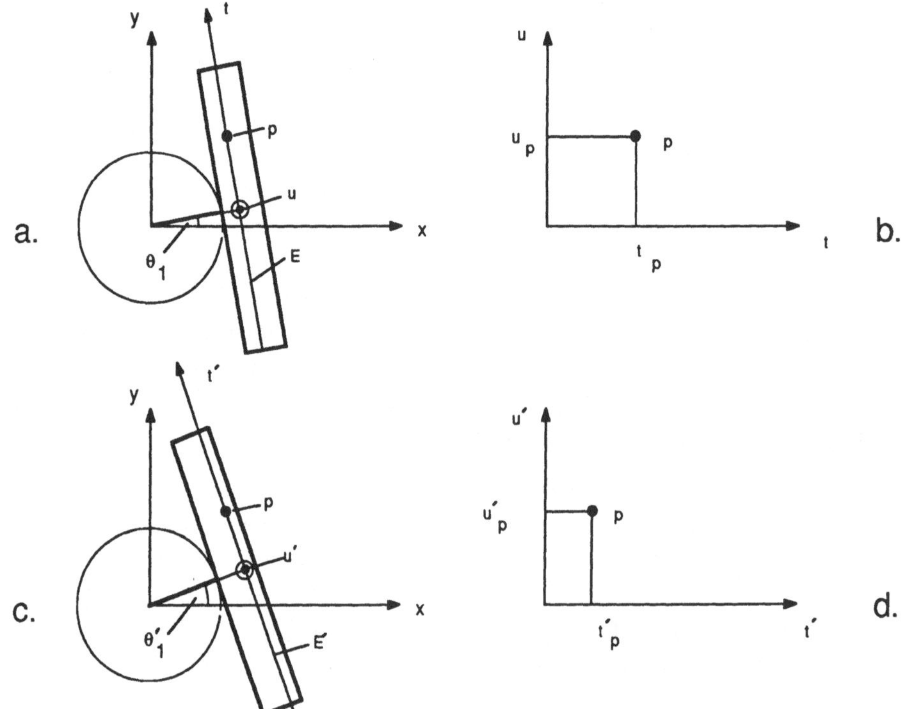

Abb. 4.2.4 : Verschiedene t-Koordinaten eines Punktes p bei verschiedenen Θ_1-Werten des Arms

Wir definieren nun noch eine Schreibweise für ein Koordinatensystem in einer vertikalen Ebene:

Def. 4.2.2 Sei $\Theta_1{}'$ ein beliebiger Winkel der ersten Achse des Roboters und $r \in [l_{u1}, l_{u2}]$. Dann bezeichnen wir mit $^{\Theta_1{}'}r t$ und $^{\Theta_1{}'}r u$ die Achsen eines rechtwinkligen Koordinatensystems mit Ursprung auf der zweiten Achse im Abstand r vom Ursprung des dreidimensionalen Koordinatensystems. Die Abszisse $^{\Theta_1{}'}r t$ sei parallel zur xy-Ebene, tangential zum Kreis um den Ursprung mit Radius r und zeige in Richtung des mathematisch positiven Umlaufsinns des Kreises (siehe Abb. 4.2.6). Die Ordinate $^{\Theta_1{}'}r u$ sei parallel zur z-Achse mit gleicher Richtung wie die z-Achse □

Wir berechnen nun die konvexe Hülle KH der Projektionen $P^-(p_i)$ und $P^+(p_i)$ aller Punkte p_i der O_i ($i \in \{3,5,7,9\}$). Durch die Berechnung der konvexen Hülle wird garantiert, daß auch alle Punkte auf der Strecke $\overline{P^-(p)P^+(p)}$ in dem Polygon enthalten sind. Auf den Algorithmus zur Berechnung der konvexen Hülle gehen wir nicht näher ein[1]. Im folgenden wollen wir zeigen, daß das entstehende Polygon eine Obermenge über alle im Intervall $[\Theta_{1a}, \Theta_{1b}]$ möglichen Schnittmengen der Ebene E_u mit dem Objekt O darstellt.

Wir zeigen nun zunächst, daß die t-Koordinaten eines Punktes p kleiner werden, wenn man den Arm in mathematisch positiver Richtung dreht:

Satz 4.2.1 Der Punkt p könne mit dem Oberarm für zwei Θ_1-Werte α und β in Kontakt treten und es gelte

1. $\phi_1 \,(\leq)\, \theta_1 \,(+)\, \pi/2$ *(falls $\phi_1 = \Omega(p) \,(\geq)\, \theta_1$, d.h. (r)$-$Lösung)*
   bzw. $\phi_1 \,(\geq)\, \theta_1 \,(-)\, \pi/2$ *(falls $\phi_1 = \Omega(p) \,(<)\, \theta_1$, d.h. (l)$-$Lösung)*

2. $\beta \geq \alpha$

Dann gilt

$$^{\beta r_2}t_p \leq {}^{\alpha r_1}t_p \; .$$

---

1 In der Implementierung wurde ein Algorithmus in Anlehnung an [Anderson 78] und [Graham 72] verwendet (mit leichten Modifikationen).

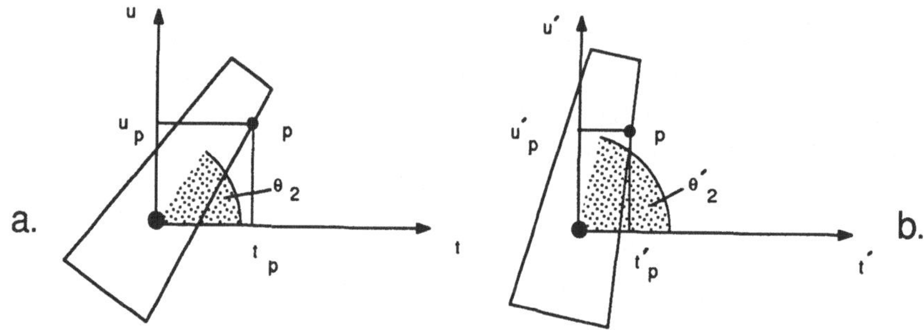

Abb. 4.2.5 : Verschiedene Θ_2-Werte des Oberarms bei verschiedenen t-Koordinaten des Punktes p

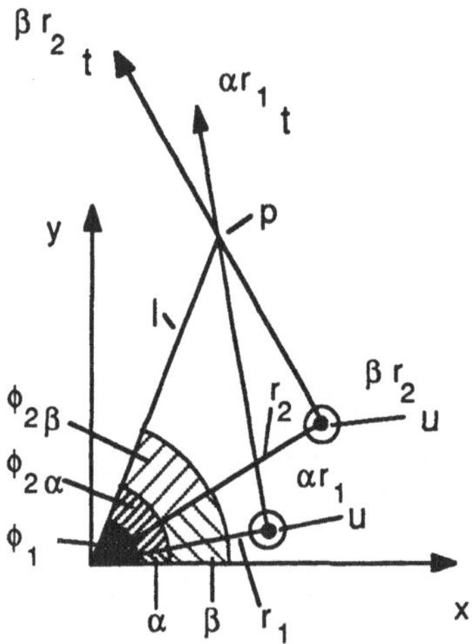

Abb. 4.2.6 : Unterschiedliche t-Koordinaten eines Punktes p für zwei aufeinanderfolgende Θ_1-Werte α und β

Beweis :

t_p läßt sich wie folgt berechnen, wobei wir zwischen den beiden kinematischen Zuständen (r) und (l) unterscheiden (siehe auch Abb. 4.2.6):

Im Zustand (r) ist $\phi_2 = \phi_1(-)\theta_1$ und im Zustand (l) ist $\phi_2 = \theta_1(-)\phi_1 - 2\pi$. Für beide Fälle gilt $l = (x_p^2 + y_p^2)^{1/2}$ und $t_p = l\sin\phi_2$.

Genügen α und β der (r)-Bedingung, dann folgt mit den beiden Annahmen

$$\phi_{2r\beta} = \phi_1(-)\beta \leq \phi_{2r\alpha} = \phi_1(-)\alpha$$

und damit :

$${}^{\beta r_2}t_p = l\sin\phi_{2r\beta} \leq {}^{\alpha r_1}t_p = l\sin\phi_{2r\alpha}$$

Genügen α und β der (l)-Bedingung, dann folgt mit den beiden Annahmen

$$\phi_{2l\beta} = \beta(-)\phi_1 - 2\pi \geq \phi_{2l\alpha} = \alpha(-)\phi_1 - 2\pi$$

und damit :

$${}^{\beta r_2}t_p = l\sin\phi_{2l\beta} \leq {}^{\alpha r_1}t_p = l\sin\phi_{2l\alpha}$$

Entspricht α einer (r)-Lösung und β einer (l)-Lösung (Anm.: der umgekehrte Fall ist aufgrund der Annahmen nicht möglich.), dann ist ${}^{\beta r_2}t_p$ negativ und ${}^{\alpha r_1}t_p$ positiv, d.h. es folgt ebenfalls

$${}^{\beta r_2}t_p = l\sin\phi_{2l\beta} \leq {}^{\alpha r_1}t_p = l\sin\phi_{2l\alpha} \quad \square$$

Mit diesem Resultat können wir nun zeigen, daß die Projektion von p auf die Ebene mit Winkel Θ_{1b} einen minimalen t-Wert im Intervall $[\Theta_{1a}, \Theta_{1b}]$ ergibt:

Satz 4.2.2 Für einen beliebigen Punkt p eines der O_i ($i \in \{3,5,7,9\}$) gilt:

$${}^{\theta_{1b}l_{u1}}t_{P^{-}(p)} \leq {}^{\theta_1{}'r_1}t_p \qquad (\theta_1{}' \in [\theta_{1a}, \theta_{1b}] \; , \; r_1 \in [l_{u1}, l_{u2}])$$

Beweis :

Da $\Theta_1{}' \leq \Theta_{1b}$, folgt nach Satz 4.2.1:

$${}^{\theta_{1b}r_1}t_p \leq {}^{\theta_1{}'r_1}t_p \; .$$

Wegen der Parallelprojektion ist aber gerade

$${}^{\theta_{1b}r_1}t_p = {}^{\theta_{1b}l_{u1}}t_{P^{-}(p)} \; .$$

Daraus folgt

$${}^{\theta_{1b}l_{u1}}t_{P^{-}(p)} \leq {}^{\theta_1{}'r_1}t_p \quad \square$$

Ebenso können wir nun zeigen, daß die Projektion von p auf die Ebene mit Winkel Θ_{1a} einen maximalen t-Wert im Intervall $[\Theta_{1a}, \Theta_{1b}]$ ergibt:

Satz 4.2.3 Für einen beliebigen Punkt p eines der O_i ($i \in \{3,5,7,9\}$) gilt:

$$^{\theta_{1a} l_{u2}} t_{P^+(p)} \geq {}^{\theta_1{}' r_1} t_p \qquad (\theta_1{}' \in [\theta_{1a}, \theta_{1b}] \ , \ r_1 \in [l_{u1}, l_{u2}])$$

Beweis :

Da $\Theta_1{}' \geq \Theta_{1a}$, folgt nach Satz 4.2.1:

$$^{\theta_{1a} r_2} t_p \geq {}^{\theta_1{}' r_1} t_p \ .$$

Wegen der Parallelprojektion ist aber gerade

$$^{\theta_{1a} r_2} t_p = {}^{\theta_{1a} l_{u2}} t_{P^+(p)} \ .$$

Daraus folgt

$$^{\theta_{1a} l_{u2}} t_{P^+(p)} \geq {}^{\theta_1{}' r_1} t_p \ \square$$

Wir zeigen nun die eigentlich für uns wesentliche Schlußfolgerung, nämlich daß bei der beschriebenen Vorgehensweise für jeden Punkt auf der Oberfläche eines der O_i ein Punkt mit größerer und ein Punkt mit kleinerer t-Koordinate im Hindernispolygon existiert:

Satz 4.2.4 Für einen beliebigen Punkt $\bar{p}$ auf der Oberfläche eines der O_i ($i \in \{3,5,7,9\}$) gilt:

$\exists$ p´, p´´ $\in$ KH, so daß

$$^{\theta_1{}' r'} t_{p'} \leq {}^{\bar{\theta_1} \bar{r}} t_{\bar{p}} \leq {}^{\theta_1{}'' r''} t_{p''}$$

mit $\theta_1{}'$, $\bar{\theta_1}$, $\theta_1{}'' \in [\theta_{1a}, \theta_{1b}]$, r_1, $\bar{r}$, $r'' \in [l_{u1}, l_{u2}]$

Beweis :

$\bar{p}$ muß entweder ein Eckpunkt eines der O_i, ein Punkt auf einer Kante, oder ein Punkt auf einer Fläche sein:

1. $\bar{p}$ ist ein Eckpunkt

Dann existiert ein p´ = P⁻(p) und ein p´´ = P⁺(p), so daß nach Satz 4.2.2 und Satz 4.2.3 gilt:

$$^{\theta_1{}' r'} t_{p'} \leq {}^{\bar{\theta_1} \bar{r}} t_{\bar{p}} \leq {}^{\theta_1{}'' r''} t_{p''}$$

mit $\theta_1{}' = \theta_{1b}$, $r' = l_{u1}$, $\bar{\theta_1} \in [\theta_{1a}, \theta_{1b}]$, $\bar{r} \in [l_{u1}, l_{u2}]$, $\theta_1{}'' = \theta_{1a}$, $r'' = l_{u2}$

2. $\overline{p}$ liegt auf einer Kante $\overline{p_m\, p_n}$

In KH sind $P^-(p_m)$ und $P^-(p_n)$ und wegen der Konvexität von KH auch $\overline{P^-(p_m)P^-(p_n)}$ enthalten. $\overline{P^-(p_m)P^-(p_n)}$ ist aber gerade die Parallelprojektion von $\overline{p_m\, p_n}$ auf Pl_{1b}, d.h.:

$$\forall\, \overline{p} \in \overline{p_m\, p_n} : \exists\, p\,' \in \overline{P^-(p_m)P^-(p_n)}$$

Gem. Satz 4.2.2 gilt daher

$$^{\theta_{1b}\, l_{u1}}t_{p\,'} \;\leq\; ^{\overline{\theta_1}\,\overline{r}}t_{\overline{p}} \qquad (\overline{\theta_1} \in [\theta_{1a}, \theta_{1b}]\, ,\; \overline{r} \in [l_{u1}, l_{u2}]).$$

Analog sind $P^+(p_m)$, $P^+(p_n)$ und $\overline{P^+(p_m)P^+(p_n)}$ in KH enthalten und wegen der Parallelprojektion auf Pl_{2a} gilt:

$$\forall\, \overline{p} \in \overline{p_m\, p_n} : \exists\, p\,'' \in \overline{P^+(p_m)P^+(p_n)}$$

Gem. Satz 4.2.3 gilt daher

$$^{\overline{\theta_1}\,\overline{r}}t_{\overline{p}} \;\leq\; ^{\theta_{1a}\, l_{u2}}t_{p\,''} \qquad (\overline{\theta_1} \in [\theta_{1a}, \theta_{1b}]\, ,\; \overline{r} \in [l_{u1}, l_{u2}]).$$

Mit $\theta_1\,' = \theta_{1b}$, $r\,' = l_{u1}$, $\theta_1\,'' = \theta_{1a}$, $r\,'' = l_{u2}$ ergibt sich

$$^{\theta_1\,'r\,'}t_{p\,'} \;\leq\; ^{\overline{\theta_1}\,\overline{r}}t_{\overline{p}} \;\leq\; ^{\theta_1\,''r\,''}t_{p\,''}.$$

3. $\overline{p}$ liegt auf einer Fläche F mit den Eckpunkten p_1, ... , p_m. In KH sind $P^-(p_1, ..., P^-(p_m))$ und das davon gebildete konvexe Polygon enthalten. Dieses ist aber gerade die Parallelprojektion der ursprunglichen Flache auf Pl_{1b}. Entsprechend sind $P^+(p_1, ..., P^+(p_m))$ und das davon gebildete konvexe Polygon in KH enthalten, das der Parallelprojektion auf Pl_{2a} entspricht. Es existieren daher $p\,'$, $p\,'' \in$ KH, so daß mit

$$\theta_1\,' = \theta_{1b}, \; r\,' = l_{u1}, \; \overline{\theta_1} \in [\theta_{1a}, \theta_{1b}]\, ,\; \overline{r} \in [l_{u1}, l_{u2}], \; \theta_1\,'' = \theta_{1a}, \; r\,'' = l_{u2}$$

nach Satz 4.2.2 und Satz 4.2.3 gilt:

$$^{\theta_1\,'r\,'}t_{p\,'} \;\leq\; ^{\overline{\theta_1}\,\overline{r}}t_{\overline{p}} \;\leq\; ^{\theta_1\,''r\,''}t_{p\,''} \quad \square$$

4.3 Berechnung der Θ_2-Kollisionsintervalle

Für ein festes Θ_1 aus einem Θ_1-Kollisionsintervall muß es irgendwelche Θ_2-Werte geben, für die der Oberarm mit dem Objekt O kollidiert:

Def. 4.3.1 Der Arm besitze einen Θ_1-Wert $\overline{\Theta}_1$ aus einem Θ_1-Kollisionsintervall. Dann verstehen wir unter einem Θ_2-Kollisionsintervall $\mathbf{K}_2 = [\Theta_{21}, \Theta_{22}]$ ein Θ_2-Intervall, für das gilt:

1. Für jedes $\overline{\Theta}_2 \in \mathbf{K}_2$ gilt : der Oberarm kollidiert für die Konfiguration $(\overline{\Theta}_1, \overline{\Theta}_2)$ mit dem Hindernis.

2. $\mathbf{K}_2$ ist maximal, d.h. es existiert kein Θ_2-Kollisionsintervall $\mathbf{K}_2{}'$, so daß $\mathbf{K}_2 \subset \mathbf{K}_2{}'$ □

Für jeden Θ_1-Wert aus einem Θ_1-Kollisionsintervall muß es also mindestens ein solches Intervall $\mathbf{K}_2$ geben.

Wir betrachten zunächst den Sonderfall, daß es nur ein Intervall $\mathbf{K}_2 = [0, 2\pi]$ gibt :
In diesem Fall muß es einen Punkt p von O geben, der für alle Θ_2-Werte mit dem Oberarmpolygon in Kontakt ist. Ein solcher Punkt muß in der Schnittmenge von O mit dem einbeschriebenen Kreis des Oberarmpolygons liegen. Dieser einbeschriebene Kreis (siehe Abb. 4.3.1) sei der Kreis um den Ursprung mit Radius $r = \min(\,|\vec{m}_{ui}|\,)$, wobei $\vec{m}_{ui}$ der Lotvektor auf e_{ui} sei.

Diese Schnittmenge ist nicht leer, falls

— der einbeschriebene Kreis vollständig in O liegt (siehe Abb. 4.3.1 (a)), oder

— O vollständig in dem einbeschriebenen Kreis liegt (siehe Abb. 4.3.1 (b)), oder

— die Kanten von O den einbeschriebenen Kreis schneiden (siehe Abb. 4.3.1 (c)).

Tritt dieser Sonderfall nicht ein, dann gibt es mindestens ein $\mathbf{K}_2 \neq [0, 2\pi]$. Die Grenzen eines solchen Intervalls bilden Winkelwerte, bei denen sich die Ränder von Objekt und Oberarm berühren, ohne daß sich innere Punkte der beiden Flächen überschneiden. Solche Konfigurationen lassen sich auf drei Arten realisieren :

Fall 1 :   Ein Eckpunkt v_{ui} liegt in einer Kante e_{oj}.
Fall 2 :   Ein Eckpunkt v_{oj} liegt in einer Kante e_{ui}.
Fall 3 :   Ein Eckpunkt v_{ui} fällt mit einem Eckpunkt v_{oj} zusammen.

zu Fall 1.

Ist v_{ui} mit e_{oj} in Kontakt, so schneidet e_{oj} den Kreis um den Ursprung mit Radius $|\vec{c}_{uui}|$ (vergl. Abb. 2.2.3). Wir berechnen also die Schnittpunkte s_k von e_{oj} mit diesem Kreis, wobei wir (wegen Fall 3.) die Endpunkte von e_{oj} von der Untersuchung ausnehmen. Existiert kein solcher Schnittpunkt, so gibt es keinen solchen Kontakt und wir sind fertig. Ansonsten müssen wir noch prüfen, ob es sich um einen reinen Randkontakt handelt oder nicht. Wir verwerfen ein s_k, falls

— entweder e_{ui-1} das Innere von O schneidet, d.h. falls $\Omega(v_{ui}, v_{ui-1})\ (>)\ \Omega(v_{oj}, v_{oj+1})$ (siehe Abb. 4.3.2 (a))

— oder e_{ui} das Innere von O schneidet, d.h. falls $\Omega(v_{ui}, v_{ui+1})\ (<)\ \Omega(v_{oj+1}, v_{oj})$ (siehe Abb. 4.3.2 (b)).

Wir müssen jetzt noch prüfen, ob s_k ein Kandidat für eine Obergrenze oder eine Untergrenze eines Intervalls ist :

— Ist $\Omega(v_{ui})\ (+)\ \pi/2\ (>)\ \Omega(v_{oj+1}, v_{oj})$, dann ist s_k ein Kandidat für eine Obergrenze (siehe Abb. 4.3.3 (a)).

— Ist $\Omega(v_{ui})\ (+)\ \pi/2 = \Omega(v_{oj+1}, v_{oj})$, so tangiert e_{oj} den Kreis in s_k (siehe Abb. 4.3.3 (b)). Damit ist s_k ein Kandidat für eine Obergrenze **und** eine Untergrenze.

— Ist $\Omega(v_{ui})\ (+)\ \pi/2\ (<)\ \Omega(v_{oj+1}, v_{oj})$, dann ist s_k ein Kandidat für eine Untergrenze (siehe Abb. 4.3.3 (c)).

Wir können nun Θ_{2k} berechnen zu $\Omega(v_{ui})\ (-)\ \gamma_{ui}$.

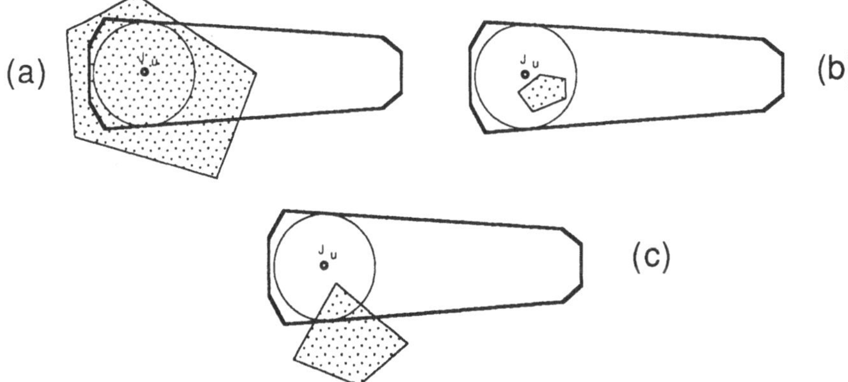

Abb. 4.3.1 : Der Oberarm kollidiert für alle möglichen Θ_2-Werte, es gibt daher nur ein Intervall $[0, 2\pi]$

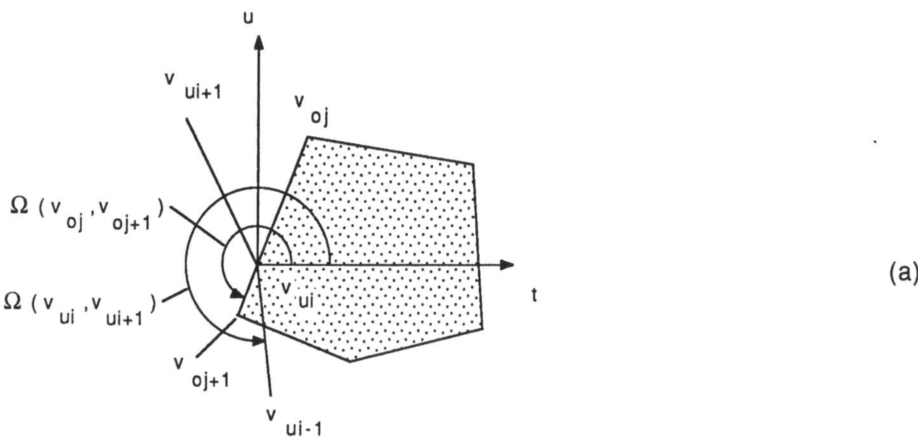

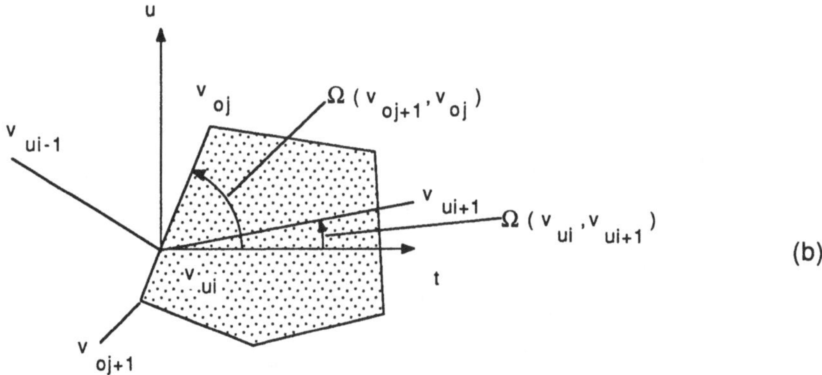

Abb. 4.3.2 : Die Bedingung des reinen Randkontakts ist verletzt. v_{ui} liegt in e_{oj}, wobei e_{ui-1} das Innere von O schneidet (Abb. (a)) bzw. e_{ui} das Innere von O schneidet (Abb. (b))

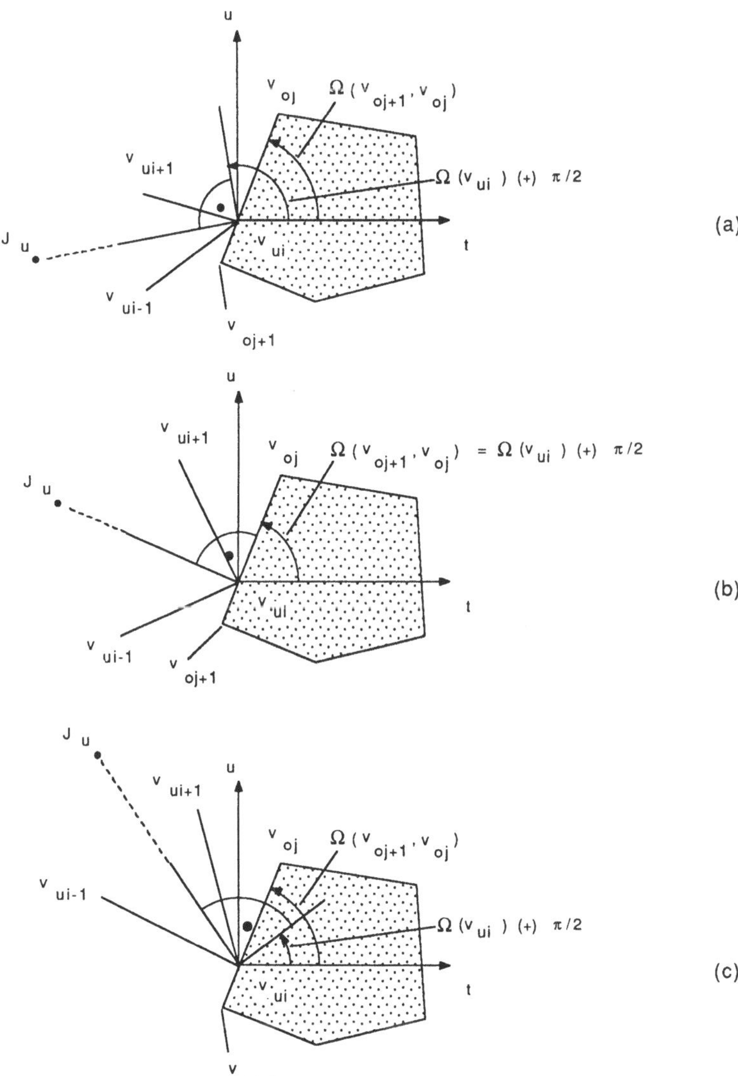

Abb. 4.3.3 : Drei Fälle eines reinen Randkontakts zwischen v_{ui} und e_{oj}. Abb. (a) zeigt den Fall einer Obergrenze, Abb. (b) den Fall einer Ober- **und** Untergrenze und Abb. (c) den Fall einer Untergrenze

zu Fall 2.

Eine solche Konfiguration tritt auf an Punkten des Oberarms, die in der Schnittmenge von e_{ui} mit dem Kreis um den Ursprung und Radius $|\vec{v}_{oj}|$ liegen. Wir nehmen ein lokales Koordinatensystem im Oberarm an mit den Achsen v und w und mit Ursprung in J_u. Die Abszisse v zeige in Richtung von J_f (siehe Abb. 4.3.4). Die $s_{k1/2}$ lassen sich nun einfach aus dem Gleichungssystem

(1) $\quad s_v^2 + s_w^2 = |\vec{v}_{oi}|^2 \quad$ *(Gleichung des Kreises mit Radius $|\vec{v}_{oi}|$)*

(2) $\quad \vec{v}_{uj} + \lambda(\vec{v}_{uj+1} - \vec{v}_{uj}) = \vec{s} \quad$ *(Geradengleichung der Kante e_{uj})*

(wobei $\vec{v}_{uj} = \kappa(\gamma_{uj}, |\vec{c}_{uuj}|)$ und $\vec{v}_{uj+1} = \kappa(\gamma_{uj+1}, |\vec{c}_{uuj+1}|)$)

berechnen. Gibt es kein solches s_k, so gibt es auch keinen solchen Kontakt und wir sind fertig.

Ansonsten untersuchen wir, ob es sich um einen reinen Randkontakt handelt. Wir verwerfen ein s_k, falls

— entweder e_{oj-1} das Innere des Oberarms schneidet, d.h. falls $\Omega(v_{oj}, v_{oj-1})\ (>)\ \Omega(v_{ui}, v_{ui+1})$ (siehe Abb. 4.3.5 (a))

— oder e_{oj} das Innere des Oberarms schneidet, d.h. falls $\Omega(v_{oj}, v_{oj+1})\ (<)\ \Omega(v_{ui+1}, v_{ui})$ (siehe Abb. 4.3.5 (b))

Wir prüfen nun noch, ob s_k ein Kandidat für eine Obergrenze oder eine Untergrenze eines Intervalls ist :

— Ist $\Omega(v_{ui}, v_{ui+1})\ (<)\ \Omega(v_{oj})\ (+)\ \pi/2$, dann ist s_k Kandidat für eine Obergrenze (siehe Abb. 4.3.6 (a)).

— Ist $\Omega(v_{ui}, v_{ui+1}) = \Omega(v_{oj})\ (+)\ \pi/2$, dann tangiert e_{ui} den Kreis in s_k. s_k ist damit weder Kandidat für eine Obergrenze noch für eine Untergrenze, da für ein $\Theta_2 + \epsilon$ und ein $\Theta_2 - \epsilon$ die Kante e_{ui} das Innere des Oberarms schneidet (siehe Abb. 4.3.6 (b)).

— Ist $\Omega(v_{ui}, v_{ui+1})\ (>)\ \Omega(v_{oj})\ (+)\ \pi/2$, dann ist s_k Kandidat für eine Untergrenze (siehe Abb. 4.3.6 (c)).

Im Falle s_{k2} können wir Θ_2 berechnen zu

$$\theta_2 = \Omega(v_{oj})\ (+)\ \phi_2\ (-)\ \gamma_{ui+1} \quad (siehe\ Abb.\ 4.3.7(a))$$

Im Falle s_{k1} können wir Θ_2 berechnen zu

$$\theta_2 = \Omega(v_{oj})\ (-)\ \phi_3\ (-)\ \gamma_{ui} \quad (siehe\ Abb.\ 4.3.7(b))$$

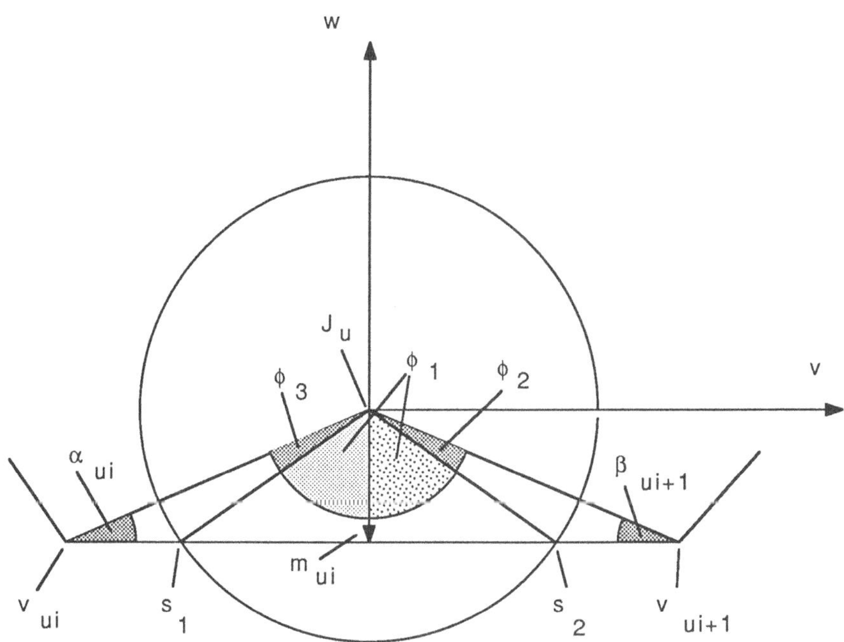

Abb. 4.3.4 : v_o/e_u-Kontakte können nur an den Punkten s_1 und s_2 auftreten

Dabei ist

$$\phi_1 = a\cos\frac{|\vec{m}_{ui}|}{|\vec{v}_{oj}|} \; , \;\; \phi_2 = \pi/2 - \beta_{uj+1} - \phi_1 \; , \;\; \phi_3 = \pi/2 - \alpha_{ui} - \phi_1 \; .$$

zu Fall 3.

Ein Eckpunkt v_{ui} kann einen Eckpunkt v_{oj} berühren, falls $|\vec{c}_{ui}| = |\vec{v}_{oj}|$. Existiert ein solcher Punkt s_k, so muß er außerdem die Bedingung des reinen Randkontakts erfüllen. Wir verwerfen s_k, falls

— entweder e_{ui-1} das Innere von O schneidet, d.h. falls
$$\Omega(v_{oj}, v_{oj+1}) \; (<) \; \Omega(v_{ui}, v_{ui-1}) \; (<) \; \Omega(v_{oj}, v_{oj-1})$$
— oder e_{ui} das Innere von O schneidet, d.h. falls
$$\Omega(v_{oj}, v_{oj+1}) \; (<) \; \Omega(v_{ui}, v_{ui+1}) \; (<) \; \Omega(v_{oj}, v_{oj-1})$$

Erfüllt ein s_k diese Bedingung, so prüfen wir noch, ob s_k ein Kandidat für eine Obergrenze oder eine Untergrenze ist:

— Ist $\Omega(v_{ui}, v_{ui+1}) \; (\leq) \; \Omega(v_{oj}) \; (+) \; \pi/2$, dann ist s_k ein Kandidat für eine Obergrenze.
— Ist $\Omega(v_{ui}, v_{ui+1}) \; (>) \; \Omega(v_{oj}) \; (+) \; \pi/2$ und $\Omega(v_{ui}, v_{ui-1}) \; (<) \; \Omega(v_{oj}) \; (-) \; \pi/2$, dann ist s_k ein Kandidat für eine Obergrenze und eine Untergrenze.
— Ist $\Omega(v_{ui}, v_{ui-1}) \; (\geq) \; \Omega(v_{oj}) \; (-) \; \pi/2$, dann ist s_k ein Kandidat für eine Untergrenze.

Wir können Θ_2 berechnen zu $\Omega(v_{ui}) \; (-) \; \gamma_{vui}$.

Die berechneten Obergrenzen und Untergrenzen der Θ_2-Intervalle werden nun der Größe nach sortiert und bilden damit die gesuchten Intervalle.

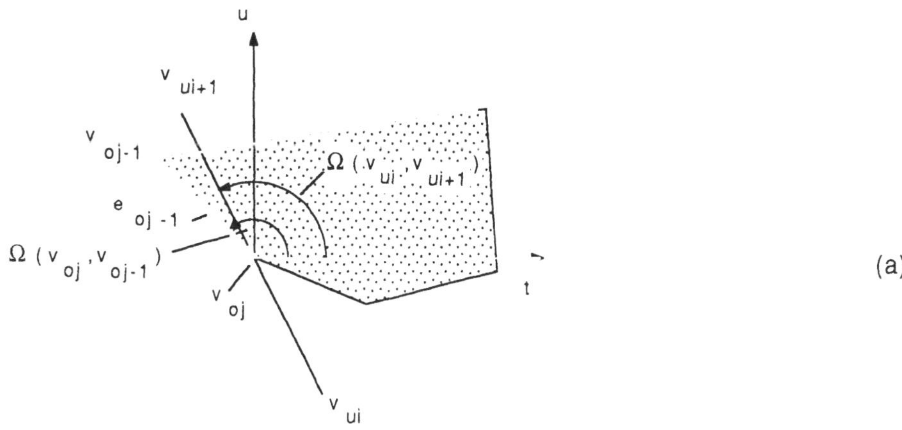

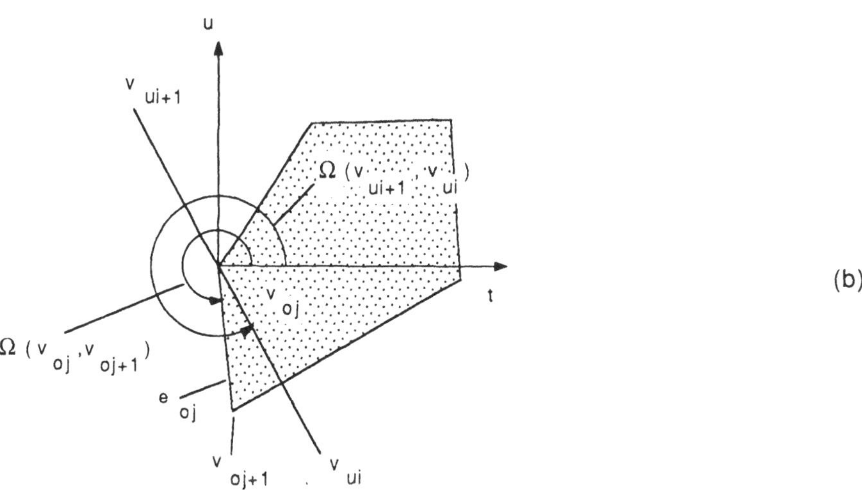

Abb. 4.3.5 : Die Bedingung des reinen Randkontakts ist verletzt. e_{ui} liegt in v_{oj}, wobei e_{ui} das Innere von O auf der Seite von v_{oj-1} schneidet (Abb. (a)) bzw. auf der Seite von v_{oj+1} (Abb. (b))

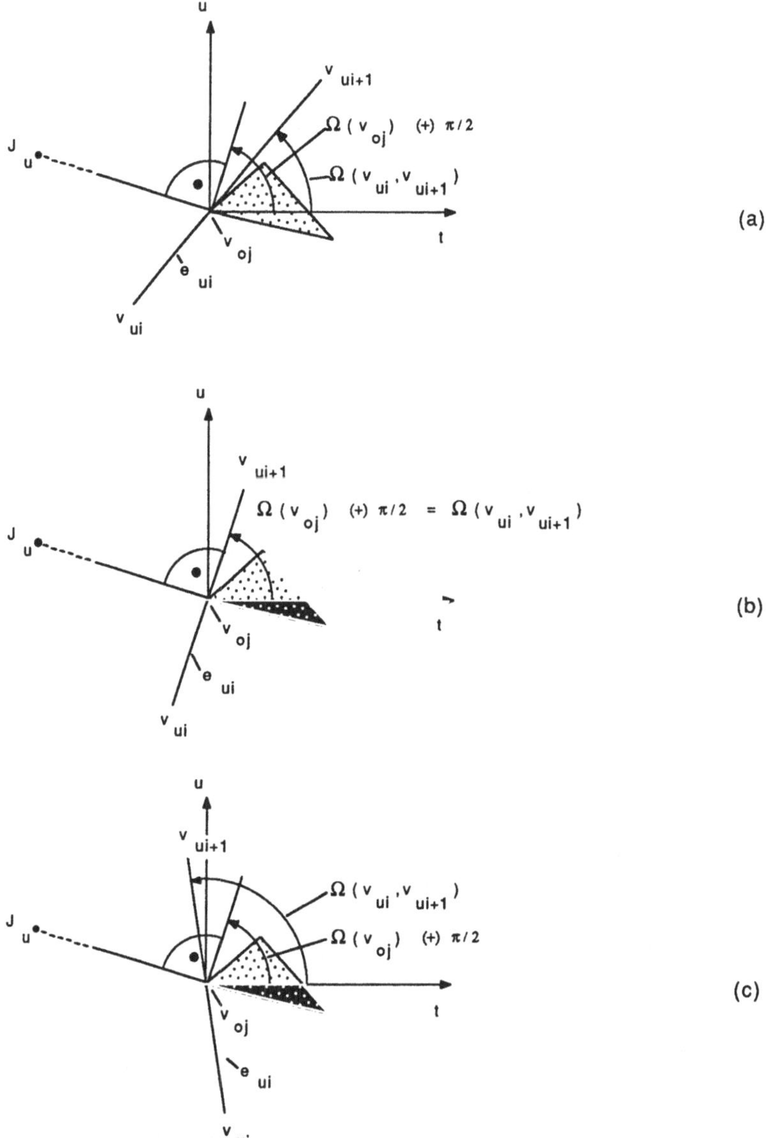

Abb. 4.3.6 : Drei Fälle eines reinen Randkontakts zwischen e_{ui} und v_{oj}. Abb. (a) zeigt den Fall einer Obergrenze und Abb. (c) den Fall einer Untergrenze. Die Situation in Abb. (b) stellt weder eine Obergrenze noch eine Untergrenze dar

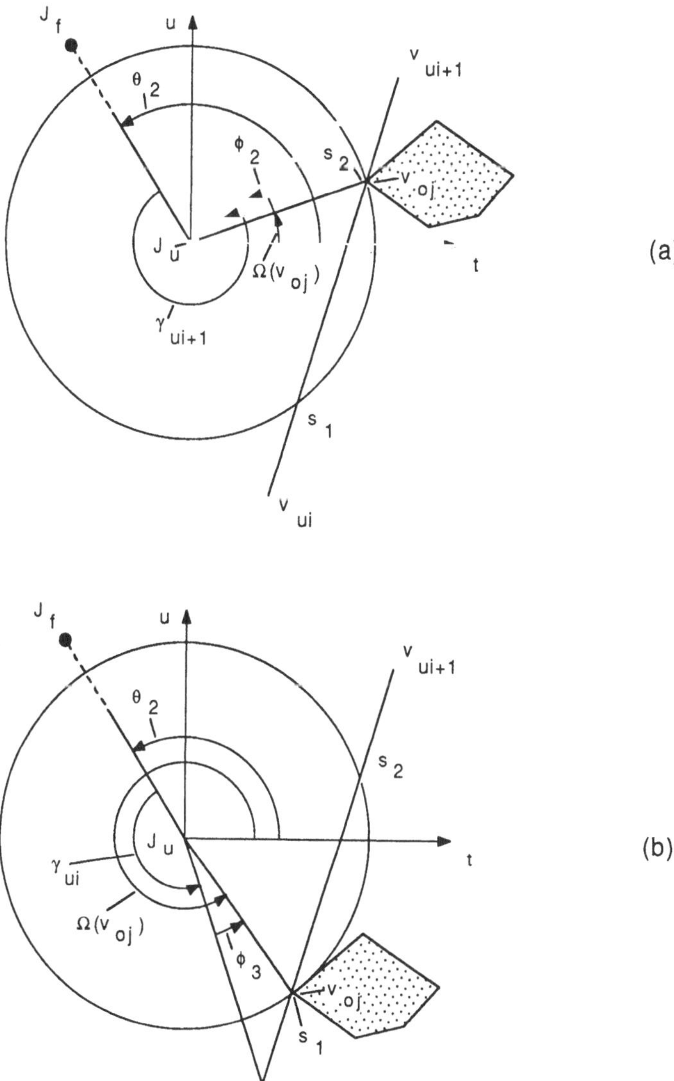

Abb. 4.3.7 : Berechnung von Θ_2 für einen e_{ui}/v_{oj}-Kontakt für den Fall s_2 (Abb. (a)) und s_1 (Abb. (b))

4.4 Abbildung in den Kubusraum

Nachdem für ein Subintervall $[\Theta_{1a},\Theta_{1b}]$ aus einem Θ_1-Kollisionsintervall die zugehörigen Θ_2-Kollisionsintervalle berechnet wurden, wollen wir nun die aus den Θ_2-Kollisionsintervallen resultierenden Konfigurationsraumhindernisse berechnen und in den Kubusraum abbilden.

Sei $[\Theta_{2a},\Theta_{2b}]$ ein solches Θ_2-Kollisionsintervall. Das resultierende Konfigurationsraumhindernis für den kinematischen Zustand Z ist gleich dem überstrichenen Volumen des Referenzpunkts, wenn sich Θ_1 und Θ_2 in den Intervallen $[\Theta_{1a},\Theta_{1b}]$ bzw. $[\Theta_{2a},\Theta_{2b}]$ bewegen und Θ_3 Werte aus seinem Definitionsbereich (für Z) annimmt. Wie bei der Berechnung der Arbeitsräume (Kap. 3.3) fassen wir diesen Körper als Rotationskörper auf mit der z-Achse als Rotationsachse, um die tangential eine Fläche F_{Zi} rotiert wird. Wir können also zur Abbildung des Hindernisses genau die gleiche Methode wie in Kap. 3.3 verwenden.

Die Flächen F_{Zi} werden umrandet von kreisförmigen und geraden Kanten. Die kreisförmigen Kanten ergeben sich folgendermaßen:

— Liegt Θ_2 fest auf den Werten Θ_{2a} bzw. Θ_{2b} und Θ_3 nimmt Werte aus seinem Definitionsbereich für den kinematischen Zustand Z_i an, so ergibt sich jeweils eine halbkreisförmige Kante (siehe Kante vom Typ (1) in Abb. 4.4.1).

— Liegt Θ_3 fest auf den Grenzen seines Definitionsbereiches [1] $\emptyset$ und π bzw. π und 2π und Θ_2 nimmt Werte aus dem Intervall $[\Theta_{2a},\Theta_{2b}]$ an, so ergibt sich jeweils ein Kreisbogen (siehe Kante vom Typ (2) in Abb. 4.4.1).

Da für die kinematischen Zustände (r) und (l) nur Punkte der positiven bzw. negativen t-Halbebene erlaubt sind, zerteilen wir die bislang von kreisbogenförmigen Kanten begrenzten Flächen entlang der u-Achse und erhalten dadurch die geraden Kanten und die Hindernisflächen $F_{r,a}$, $F_{r,b}$, $F_{l,a}$ und $F_{l,b}$ (siehe Abb. 4.4.2). Aus Platzgründen belassen wir es bei dieser mehr qualitativen Beschreibung der Flächen. Die weitere Vorgehensweise ist dann die gleiche wie in Kap. 3.3.

---

[1] Wir nehmen vereinfachend an, daß die Definitionsbereiche aus einem einzigen Intervall $[\emptyset,\pi]$ für die kinematischen Zustände (b) und $[\pi,2\pi]$ für (a) bestehen. Dies führt in der Regel dazu, daß die Konfigurationsraumhindernisse über die Begrenzung des Arbeitsraums hinausgehen, was nicht weiter schlimm ist, die Berechnung aber stark vereinfacht.

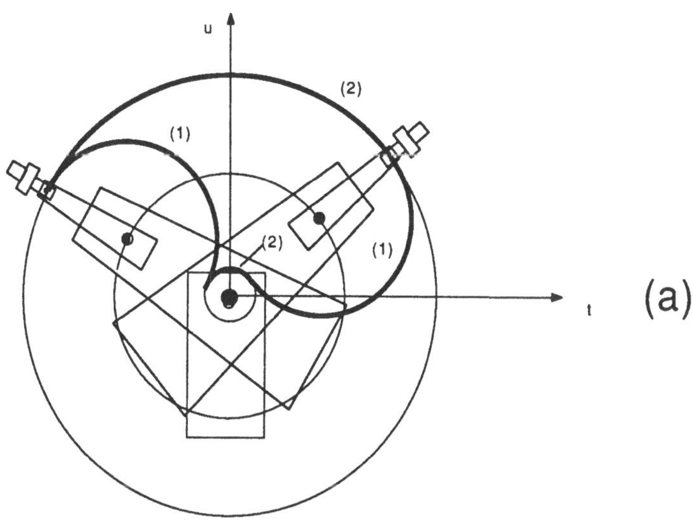

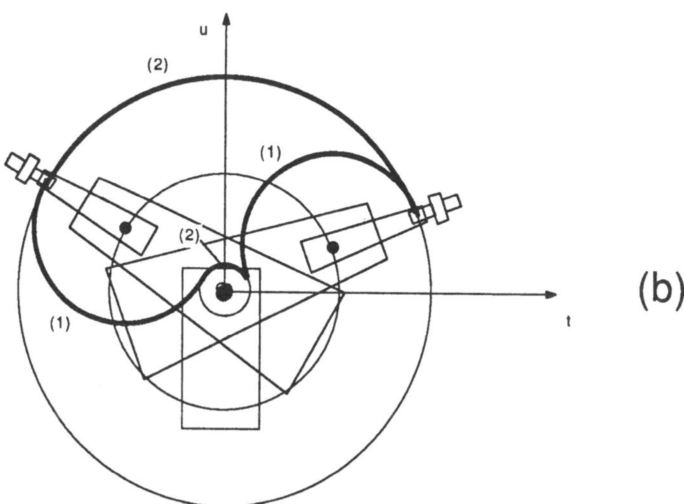

Abb. 4.4.1 : Kreisbogenförmige Kanten der Hindernisflächen vom Typ (1) und (2) für die kinematischen Zustände above (Abb. (a)) und below (Abb. (b))

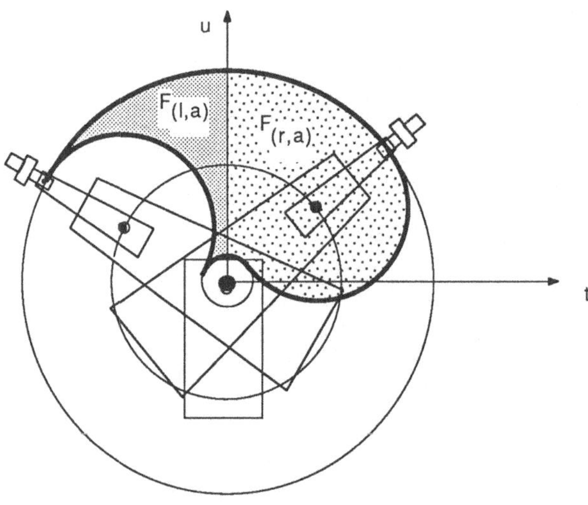

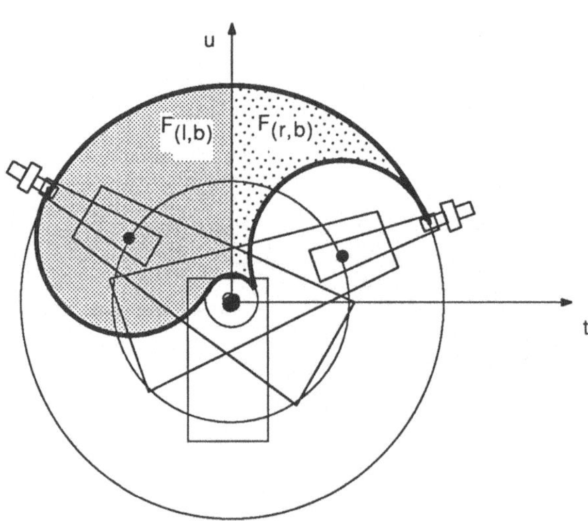

Abb. 4.4.2 : Werden die soweit berechneten Flächen entlang der u-Achse zerteilt, so entstehen die Hindernisflächen für die einzelnen kinematischen Zustände

5. Berechnung der vierdimensionalen Konfigurationsraumhindernisse des Unterarms

Bei der Berechnung der Konfigurationsraumhindernisse des Unterarms können wir analog vorgehen zum Fall des Oberarms (vergleiche auch Algorithmus 4.1), im wesentlichen ist nur die Berechnung der Hindernisflächen unterschiedlich. Die Berechnung der Θ_1-Kollisionsintervalle, deren Aufteilung in Subintervalle und die Berechnung des konvexen Hindernispolygons für jedes dieser Subintervalle erfolgt nach dem gleichen Schema.

Wir wollen also die Flächen berechnen, die vom Referenzpunkt J_w überstrichen werden, wenn der Unterarm mit dem Hindernispolygon O kollidiert. Betrachten wir die möglichen Konfigurationen (Θ_2, Θ_3) für ein festes $\Theta_1{}'$ aus einem Θ_1-Kollisionsintervall:

— Fixieren wir Θ_3 auf $\Theta_3 = \emptyset$ oder $\Theta_3 = \pi$, so gibt es offensichtlich bis zu zwei Intervalle für Θ_2, für die der Unterarm mit O kollidiert (siehe Abb. 5.1). J_w überstreicht dabei einen Teil der Grenzen des Arbeitsraums.

— Fixieren wir Θ_2 auf irgendeinen Wert $\Theta_2{}'$ und lassen Θ_3 Werte aus dem Innern seines Definitionsbereichs annehmen, so gibt es die Fälle, daß

  — der Unteram für keinen einzigen Θ_3-Wert kollidiert (siehe Abb. 5.2 (a)).

  — der Unterarm für alle möglichen Θ_3-Werte kollidiert (siehe Abb. 5.2 (b)).

  — der Unterarm für ein oder mehrere Θ_3-Intervalle kollidiert (siehe Abb. 5.2 (c)).

Offensichtlich werden also die Ränder der gesuchten Flächen gebildet durch

— Kanten, die auf den Grenzen des Arbeitsraums liegen und für die Θ_3 Werte besitzt, die den Intervallgrenzen des Definitionsbereichs von Θ_3 entsprechen. Wir nennen diese Art von Kontakten daher **Grenzkontakte**.

— Kanten, die von Positionen von J_w gebildet werden, für die der Rand des Unterarms den Rand von O berührt und für die Θ_3 Werte aus dem Innern der Intervalle seines Definitionsbereichs annimmt. Wir nennen diese Art von Kontakten daher **Innenkontakte**.

Entsprechend werden wir in den Kapiteln 5.1 und 5.2 die Grenz- bzw. Innenkontakte näher untersuchen. Darauf aufbauend wird in Kap. 5.3 dann die Berechnung der Hindernisflächen und die Abbildung in den Kubusraum gezeigt.

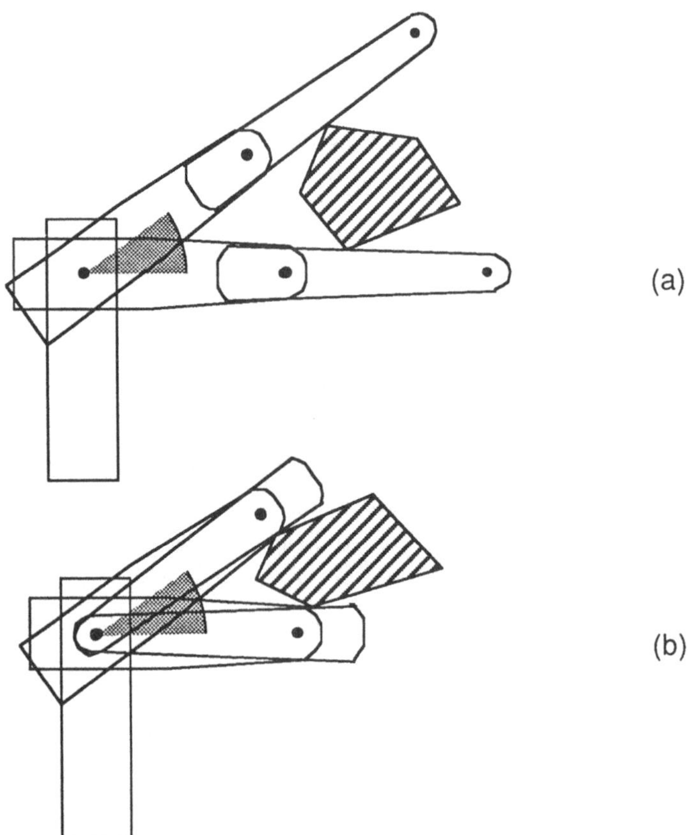

Abb. 5.1 : Θ_3 wird fixiert auf Werte, die den Intervallgrenzen seines Definitionsbereichs entsprechen. Es gibt insgesamt bis zu zwei Kollisionsintervalle (grau unterlegt) für Θ_2 (Abb. (a) für $\Theta_3 = \emptyset$ und (b) für $\Theta_3 = \pi$)

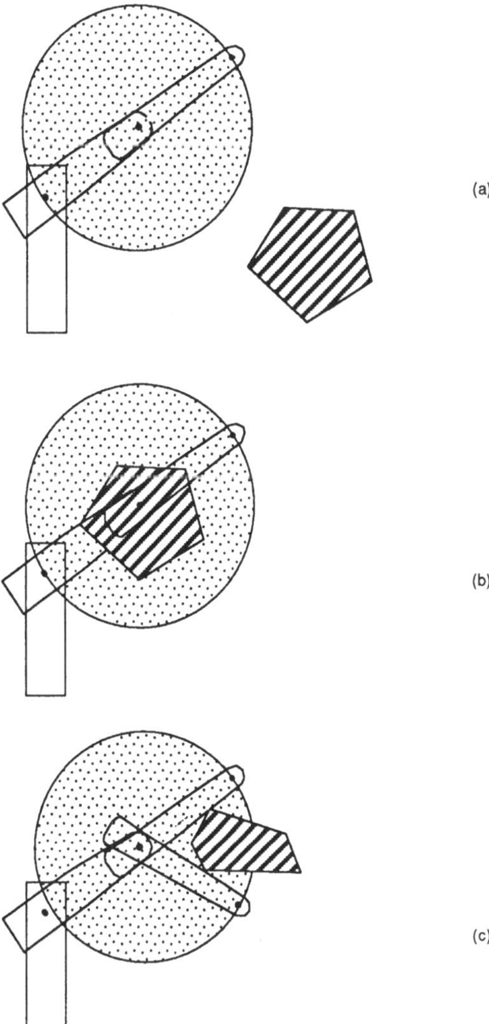

Abb. 5.2 : Θ_2 wird auf beliebige Werte fixiert. Der Unterarm kollidiert dam, entweder gar nicht (a), für alle Θ_3-Werte (b), oder nur für bestimmte Θ_3-Intervalle (c)

5.1 Untersuchung der Grenzkontakte

Wir interessieren uns für die Θ_2-Intervalle, für die das Unterarmpolygon mit dem Hindernispolygon O kollidiert, wenn Θ_3 auf $\emptyset$ bzw. π fixiert ist. Die Problematik ist die gleiche wie bei der Berechnung der Θ_2-Kollisionsintervalle des Oberarms und kann analog zu Kap. 4.3 durchgeführt werden. Die Positionen, die J_w bei den Grenzen dieser Θ_2-Kollisionsintervalle einnimmt, nennen wir GI-Übergangspunkte. An diesen Punkten werden später (siehe Kap. 5.3) die Grenz- und Innenkontaktkanten der Flächen verbunden.

Wir müssen allerdings den Sonderfall untersuchen, daß der Unterarm für $\emptyset$ oder π für alle möglichen Θ_2-Werte mit O kollidiert (siehe Abb. 5.1.1). Es muß in diesem Fall irgendeinen Punkt p von O geben, der für alle Θ_2-Werte mit irgendwelchen Punkten $p_i{}'$ des Unterarms in Kontakt ist. Diese $p_i{}'$ müssen daher auf einem Kreis um den Ursprung angeordnet sein und dieser Kreis muß im Unterarm liegen. Der maximale Radius r eines solchen Kreises ist der Radius des einbeschriebenen Kreises des Unterarms. Dann ist $r = min(\,|\,\vec{m}_{fi}\,|\,)$, wobei $\vec{m}_{fi}$ der Lotvektor vom Ursprung auf die Kante e_{fi} ist.

Um für alle Θ_2-Werte mit dem Unterarm in Kontakt zu sein, muß O diesen Kreis schneiden. Diese Schnittmenge ist nicht leer, falls

— der einbeschriebene Kreis vollständig in O liegt (siehe Abb. 5.1.1 (a)), oder

— O vollständig in dem einbeschriebenen Kreis liegt (siehe Abb. 5.1.1 (b)), oder

— die Kanten von O den einbeschriebenen Kreis schneiden (siehe Abb. 5.1.1 (c)).

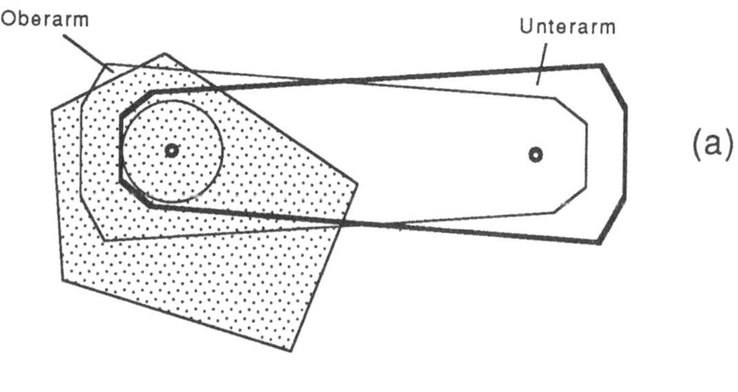

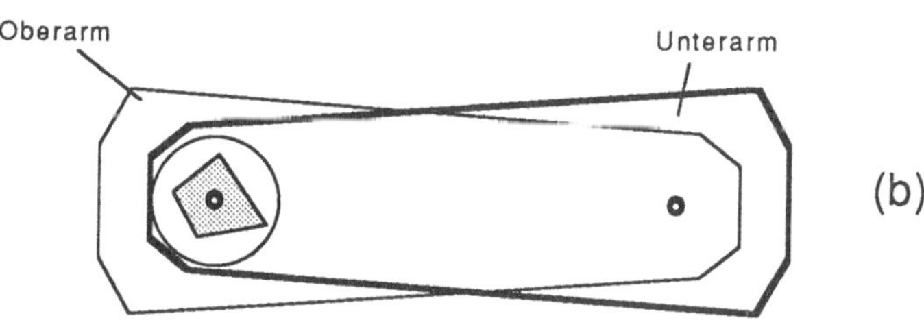

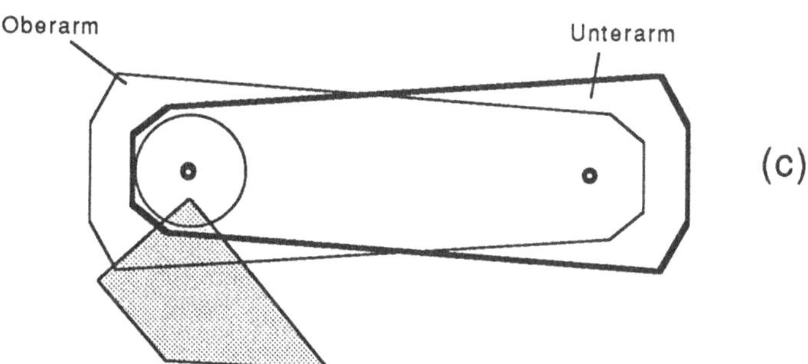

Abb. 5.1.1 : Die drei möglichen Sonderfälle von Grenzkontakten, bei denen der Unterarm für alle möglichen Θ_2-Werte mit O kollidiert

5.2   Untersuchung der Innenkontakte

Wir wollen in diesem Kapitel die Kanten der Hindernisflächen berechnen, die auf Innenkontakte zurückgehen. Diese Kanten entsprechen der Menge der Positionen, die der Armreferenzpunkt J_w einnehmen kann, wenn das Unterarmpolygon F in einem Innenkontakt mit dem Hindernispolygon ist. Ein Innenkontakt liegt vor, wenn der Rand des Unterarms den Rand des Hindernispolygons O schneidet (ohne Überschneidung der inneren Flächen) und Θ_3 dabei Werte aus dem Inneren der Intervalle seines Definitionsbereichs annimmt. Wir unterscheiden bei diesen Innenkontakten grundsätzlich zwei Arten, je nachdem, ob

— ein Eckpunkt des Unterarms mit einer Kante oder einem Eckpunkt von O in Kontakt ist,

— oder eine Kante des Unterarms mit einem Eckpunkt oder einer Kante von O in Kontakt ist.

Als erstes wollen wir diese beiden Arten von Innenkontakten näher untersuchen und die Bedingungen ableiten, wann ein bestimmter Innenkontakt vorliegt. Zunächst einige Definitionen:

Def. 5.2.1 Wir bezeichnen mit C die Kreisbahn, auf der sich J'_f bewegen kann, mit O das Hindernispolygon und mit F das Unterarmpolygon. Wir teilen jede Kante e_{fi} von F durch das Lot von J'_f auf e_{fi} in zwei [1] Segmente $se_{fi,i}$ und $se_{fi,i+1}$ (siehe Abb. 5.2.1). Wir legen fest, daß, falls der Lotpunkt m_{fi} innerhalb von e_{fi} liegt, m_{fi} zu $se_{fi,i}$ gehören soll, aber nicht zu $se_{fi,i+1}$, so daß die beiden Segmente disjunkt sind $\Box$

Liegt ein v_{fi} in einem e_{oj}, so läßt sich eine solche Konfiguration beschreiben durch einen Punkt auf e_{oj} und den eingeschlossenen Winkel zwischen e_{oj} und F (siehe auch Abb. 5.2.2). Liegt ein e_{fi} in einem v_{oj}, dann läßt sich eine solche Konfiguration beschreiben durch einen Punkt auf e_{fi} und ebenfalls den eingeschlossenen Winkel (siehe auch Abb. 5.2.3). Eine solche Beschreibungsform bestimmt die Lage aller Punkte von F und damit auch die Lage von J'_f. Diese Lage von J'_f läßt sich aus der Punkt/Winkel-Beschreibungsform mit Hilfe einer Abbildung bestimmen (siehe Def. 5.2.2 und 5.2.3). Um später mit einer Umkehrabbildung (siehe Satz 5.2.1) aus der Lage von J'_f eindeutig das zugehörige Punkt/Winkel-Paar bestimmen zu können, müssen diese Abbildungen bijektiv sein:

---

[1] Es kann vorkommen, daß eines dieser beiden Segmente gleich der leeren Menge ist, während das andere gleich e_{fi} ist. Dies ist der Fall, wenn das Lot außerhalb der Kante auftrifft.

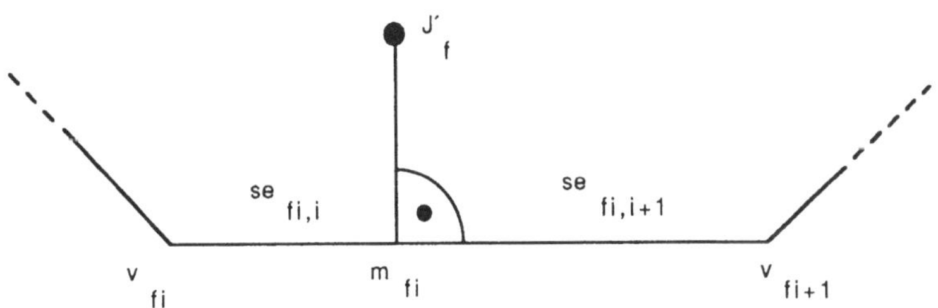

Abb. 5.2.1 : Das Lot von $J´_f$ zerteilt die Unterarmkante in zwei Segmente $se_{fi,i}$ und $se_{fi,i+1}$.

Def. 5.2.2 Wir definieren

$$\Phi_{1ij} := \begin{cases} [\Omega(v_{oj+1}, v_{oj})(+)\alpha_{fi} \;,\; \Omega(v_{oj+1}, v_{oj})(+)\min(\pi/2, \pi-\beta_{fi})] & f\ddot{u}r \; \alpha_{fi} \leq \pi/2 \\ \emptyset & sonst \end{cases}$$

und

$$\Phi_{2ij} := \begin{cases} [\Omega(v_{oj+1}, v_{oj})(+)\max(\pi/2, \alpha_{fi}) \;,\; \Omega(v_{oj+1}, v_{oj})(+)\pi-\beta_{fi}] & f\ddot{u}r \; \beta_{fi} \leq \pi/2 \\ \emptyset & sonst \end{cases}$$

und

$$D_{f1ij} := e_{oj} \times \Phi_{1ij} = \{(p, \phi) : p \in e_{oj} \wedge \phi \in \Phi_{1ij}\}$$

und

$$D_{f2ij} := e_{oj} \times \Phi_{2ij} = \{(p, \phi) : p \in e_{oj} \wedge \phi \in \Phi_{2ij}\}$$

Wir definieren die Abbildungen

$$f_{1ij} : \begin{array}{l} D_{f1ij} \to B_{f1ij} \subset R^2 \\ a=(p, \phi) \to b=f_{1ij}(a)=\kappa(p, \phi, c_{ffi}) \end{array} \quad (siehe\ Abb.\,5.2.2(a))$$

(Anm.: es ist also $B_{f1ij} := f_{1ij}(D_{f1ij}) = \{b : b \in R^2 \wedge \exists a \in D_{f1ij}\ mit\ f_{1ij}(a)=b\}$)

und

$$f_{2ij} : \begin{array}{l} D_{f2ij} \to B_{f2ij} \subset R^2 \\ a=(p, \phi) \to b=f_{2ij}(a)=\kappa(p, \phi, c_{ffi}) \end{array} \quad (siehe\ Abb.\,5.2.2(b)) \; \square$$

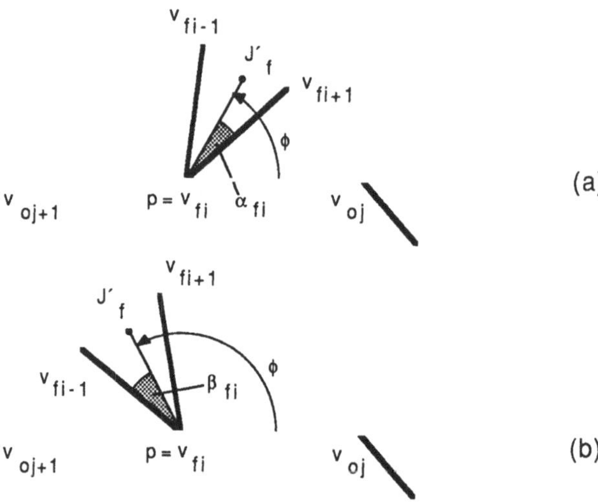

Abb. 5.2.2 : Veranschaulichung der geometrischen Zusammenhänge bei der Definition der Funktionen f_{1ij} (Abb. (a)) und f_{2ij} (Abb. (b)). Aus den Kontaktparametern p und ϕ wird die Position von J'_f berechnet

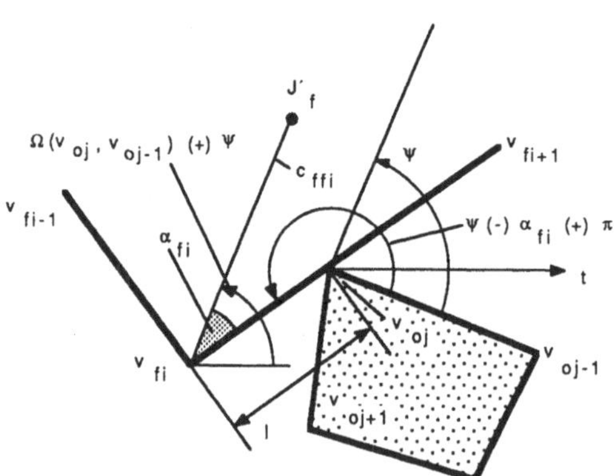

Abb. 5.2.3 : Veranschaulichung der geometrischen Zusammenhänge bei der Definition der Funktion g_{1ij}. Aus den Kontaktparametern l und ψ wird die Position von J'_f berechnet

Mit den Abbildungen f_{1ij} und f_{2ij} kann man also für einen v_{fi}/e_{oj}-Kontakt aus dem Kontakt-
punkt und dem eingeschlossenen Winkel zwischen Unterarm und Hindernispolygon die zugehörige Position von $J_f{}'$ berechnen. Die Aufteilung in zwei Gruppen von Funktionen und damit auch die Aufteilung der Definitionsbereiche ist notwendig, damit die Funktionen injektiv
sind. Zu einer Position von $J_f{}'$ gibt es nämlich in der Regel zwei verschiedene Lösungen für
einen v_{fi}/e_{oj}-Kontakt. Würde man nur eine Funktion definieren, dann gäbe es u.U. zu einer
$J_f{}'$-Position zwei Urbilder. Das Gleiche gilt nun für den e_{ui}/v_{oj}-Kontakt:

Def. 5.2.3 Wir definieren

$$\Psi_{ij} := [\Omega(v_{oj}, v_{oj-1})(+)\alpha_{fi} \, , \, \Omega(v_{oj+1}, v_{oj})(+)\alpha_{fi}]$$

und

$$D_{g1ij} := [0, \, |se_{fi,i}|] \times \Psi_{ij} = \{(l, \psi) : l \in [0, \, |se_{fi,i}|] \wedge \psi \in \Psi_{ij}\}$$

und

$$D_{g2ij} := [\, |se_{fi,i}| \, , \, |se_{fi,i+1}|\,] \times \Psi_{ij} = \{(l, \psi) : l \in [\, |se_{fi,i}| \, , \, |se_{fi,i+1}|\,] \wedge \psi \in \Psi_{ij}\}$$

Wir definieren die Abbildungen (siehe Abb. 5.2.3)

$$g_{1ij} : \quad \begin{array}{l} D_{g1ij} \to B_{g1ij} \subset R^2 \\ a = (l, \psi) \to b = g_{1ij}(a) = \kappa(v_{fi} \, , \, \Omega(v_{oj}, v_{oj-1})(+)\psi \, , \, c_{ffi}) \end{array}$$

wobei $v_{fi} = \kappa(v_{oj} \, , \, \psi(-)\alpha_{fi}(+)\pi \, , \, l)$

und

$$g_{2ij} : \quad \begin{array}{l} D_{g2ij} \to B_{g2ij} \subset R^2 \\ a = (l, \psi) \to b = g_{2ij}(a) = \kappa(v_{fi} \, , \, \Omega(v_{oj}, v_{oj-1})(+)\psi \, , \, c_{ffi}) \end{array}$$

wobei $v_{fi} = \kappa(v_{oj} \, , \, \psi(-)\alpha_{fi}(+)\pi \, , \, l)\square$

Bewegt sich J'_f auf seiner Kreisbahn, während eine bestimmte Art von Innenkontakt aufrecht
erhalten wird, so beschreibt der Referenzpunkt J_w eine Bahn auf einer Kante der Hindernisfläche. Ein solcher Innenkontakt ist möglich, wenn sich J'_f in einer der Bildmengen B_{f1ij},
B_{f2ij}, B_{g1ij} oder B_{g2ij} befindet. Wir zeigen nun, daß für jede dieser Bildmengen eine Umkehrabbildung existiert, die für einen Punkt p aus der betreffenden Bildmenge die zugehörigen Kontaktparameter liefert:

Satz 5.2.1 Für jede der Abbildungen f_{1ij}, f_{2ij}, g_{1ij} und g_{2ij} existiert eine Umkehrabbildung f^{-1}_{1ij}, f^{-1}_{2ij}, g^{-1}_{1ij}, g^{-1}_{2ij}, die deren Bildbereich in deren Definitionsbereich abbildet.

Beweis :

Wir zeigen, daß die Abbildungen bijektiv sind:

1. Die Abbildungen sind surjektiv gemäß Definition.

2. Zum Beweis der Injektivität betrachten wir die geometrische Interpretation der Funktionen f und g:

   a) Für ein festes $p \in e_{oj}$ und $\phi \in \Phi_{kij}$ (k = 1,2) ist die Bildmenge von f_{kij} ein Kreisbogen (siehe Abb. 5.2.4 (a)). Es ist daher klar, daß für verschiedene $a_m = (p, \phi_m)$ und $a_n = (p, \phi_n)$ gilt, daß $f_{kij}(a_m) \neq f_{kij}(a_n)$. Läßt man p auf e_{oj} wandern, so erhält man Parallelverschiebungen der Kreisbögen. Da die Kreisbögen maximal ein Viertel des Kreisumfangs lang sein können, schneiden sie sich nicht.

   b) Für ein festes $l \in [\emptyset, |e_{fi}|]$ und $\psi \in \Psi_{ij}$ ist die Bildmenge von g_{kij} (k=1,2) ein Kreisbogen aus einem Kreis um v_{oj}, der durch zwei sich schneidende Geraden daraus ausgeschnitten wird (siehe Abb. 5.2.4 (b)). Für variierende l ändert sich lediglich der Radius dieser Kreise. Es folgt daher auch hier, daß für a_1, $a_2 \in D_{gkij}$ gilt: $g_{kij}(a_1) \neq g_{kij}(a_2)$ $\square$

Wir können nun die verschiedenen Kontaktarten definieren:

Def. 5.2.4 Ein f_{1ij}- bzw. f_{2ij}- bzw. g_{1ij}- bzw. g_{2ij}-Kontakt liegt vor, wenn J'_f in der Bildmenge der gleichnamigen Funktion liegt und das Unterarmpolygon eine geometrische Konfiguration aus dem Definitionsbereich der gleichnamigen Funktion annimmt. Kommt es auf die genaue Kontaktart nicht an, so sprechen wir auch von einem f_1-, f_2-, f-, g_1-, g_2- oder g-Kontakt $\square$

Wir definieren nun verschiedene Abbildungen, die den einzelnen Innenkontaktarten die zugehörigen Positionen für J_w zuordnen:

Def. 5.2.5 Sei $D_{f'ij} := D_{f1ij} \cup D_{f2ij}$. Dann definieren wir

$$f'_{ij} : \quad \begin{array}{l} D_{f'ij} \to R^2 \\ a = (p, \phi) \to b = f'_{ij}(a) \end{array}$$

mit $b = \kappa(p \, , \, \Omega(v_{oj}, v_{oj+1})(+)\phi(-)\alpha_{fi}(+)\alpha'_{fi} \, , \, c_{fwi}) \square$

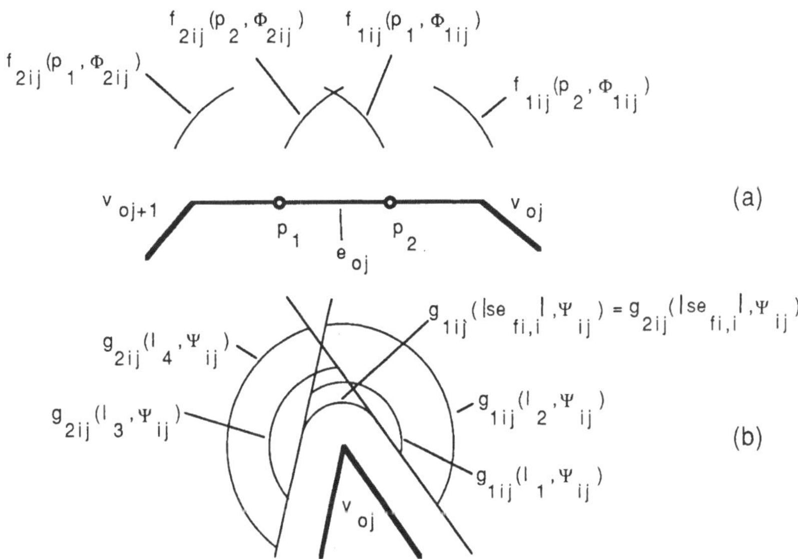

Abb. 5.2.4 : Illustration zum Beweis der Injektivität in Satz 5.2.1

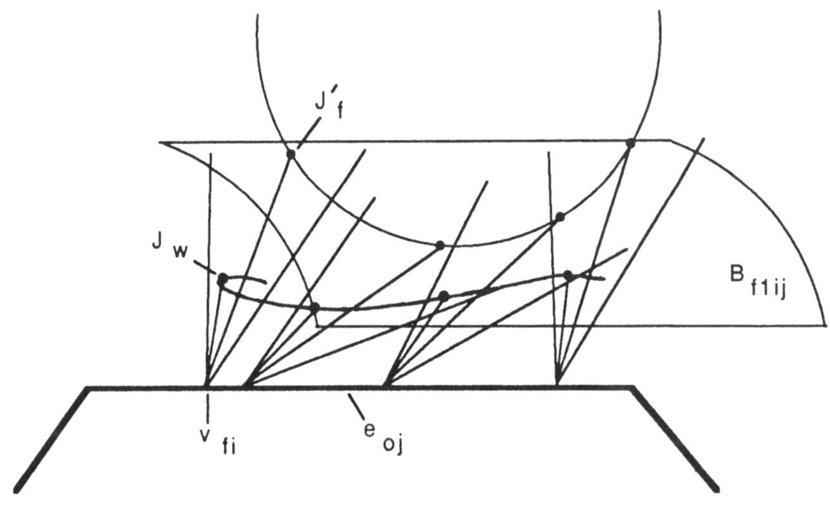

Abb. 5.2.5 : Eine Kante des Konfigurationsraumhindernisses, verursacht durch einen Innenkontakt des Typs f_{1ij}; durch Abbilden einzelner Punkte kann die Kante punktweise berechnet werden

Def. 5.2.6 Sei $D_{g'ij} := D_{g1ij} \cup D_{g2ij}$. Dann definieren wir

$$g'_{ij} : \begin{array}{l} D_{g'ij} \to R^2 \\ a = (l, \psi) \to b = g'_{ij}(a) \end{array}$$

mit $b = \kappa(v_{fi} , \Omega(v_{oj}, v_{oj-1})(+)\psi(-)\alpha_{fi}(+)\alpha'_{fi} , c_{fwi})$

wobei $v_{fi} = \kappa(v_{oj} , \Omega(v_{oj}, v_{oj-1})(+)\psi(-)\alpha_{fi}(+)\pi , l)$ $\square$

Wir sind nun also in der Lage, aus den Koordinaten von J_f' die zugehörigen Kontaktparameter für eine bestimmte Kontaktart zu berechnen. Aus diesen Kontaktparametern können wir dann die Koordinaten des Referenzpunkts J_w berechnen. Für einen Punkt $\in B_{f1ij}$ z.B. können wir über $f'_{ij} \circ f^{-1}_{1ij}$ eindeutig die zugehörige Position $p' = f'_{ij}(f^{-1}_{1ij}(p))$ für J_w berechnen.

Ist die Kurve bekannt, auf der sich J_f' bewegen kann, dann kann man damit für die Punkte dieser Kurve innerhalb einer Bildmenge B die davon erzeugte Kurve für den Referenzpunkt punktweise berechnen. Wenn man die Kreisbahn C von J_f' mit B_{f1ij} schneidet, dann weiß man für jeden Punkt dieser Schnittmenge, daß ein f_{1ij}-Kontakt vorliegen muß. Für sukzessive Punkte $p_1, ..., p_n$ der Schnittmenge könnte man die Bahn von J_w zu

$$f'_{ij}(f^{-1}_{1ij}(p_1)), ..., f'_{ij}(f^{-1}_{1ij}(p_n))$$

punktweise berechnen (siehe Abb. 5.2.5). Diese Bahn von J_w entspräche dann einer Kante der zu berechnenden Hindernisfläche.

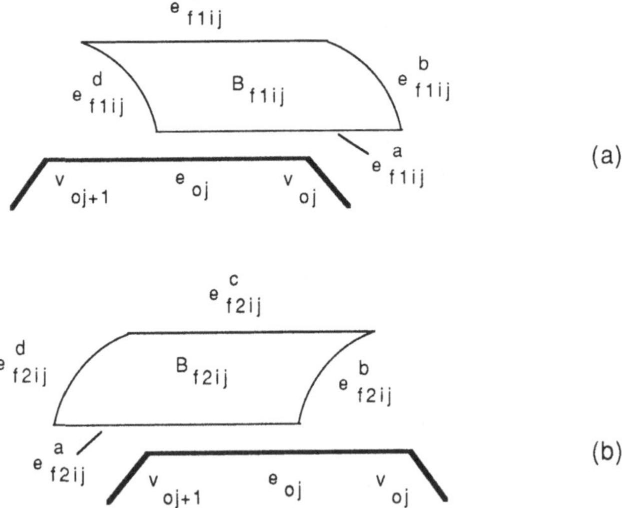

Abb. 5.2.6 : Veranschaulichung der Kanten von B_{f1ij} (Abb. (a)) und B_{f2ij} (Abb. (b))

Was geschieht nun in unserem Beispiel, wenn J_w die Schnittmenge $C \cap B_{f1ij}$ verläßt? Es läßt sich zeigen, daß der Unterarm dann in eine andere Kontaktart übergeht. Mittels solcher Übergänge zu anderen Kontaktarten lassen sich, wie wir später sehen werden, Zyklen von Kanten der gesuchten Hindernisflächen bilden. Wir charakterisieren zunächst den Rand der Bildmengen B_* genauer:

Def. 5.2.7 Wir definieren die Kanten der Bildmenge B_{f1ij} wie folgt (siehe Abb. 5.2.5 (a))

$$e^a_{f1ij} := f_{1ij}(e_{oj} \times \{\Omega(v_{oj+1}, v_{oj})(+)\alpha_{fi}\})$$

$$e^b_{f1ij} := f_{1ij}(v_{oj} \times \Phi_{1i})$$

$$e^c_{f1ij} := f_{1ij}(e_{oj} \times \{\Omega(v_{oj+1}, v_{oj})(+)min(\pi/2, \pi-\beta_{fi})\})$$

$$e^d_{f1ij} := f_{1ij}(v_{oj+1} \times \Phi_{1i}) \quad \square$$

Def. 5.2.8 Wir definieren die Kanten der Bildmenge B_{f2ij} wie folgt (siehe Abb. 5.2.5 (b))

$$e^a_{f2ij} := f_{2ij}(e_{oj} \times \{\Omega(v_{oj+1}, v_{oj})(+)\pi(-)\beta_{fi}\})$$

$$e^b_{f2ij} := f_{2ij}(v_{oj} \times \Phi_{2i})$$

$$e^c_{f2ij} := f_{2ij}(e_{oj} \times \{\Omega(v_{oj+1}, v_{oj})(+)max(\pi/2, \alpha_{fi})\})$$

$$e^d_{f2ij} := f_{2ij}(v_{oj+1} \times \Phi_{2i}) \quad \square$$

Abb. 5.2.5 veranschaulicht dies. Die Kanten e^a und e^c entstehen durch Parallelverschiebung von e_{oj}, während e^b und e^d Kreisbögen aus Kreisen mit Mittelpunkt v_{oj} bzw. v_{oj+1} sind.

Def. 5.2.9 Wir definieren die Kanten der Bildmenge B_{g1ij} wie folgt (siehe Abb. 5.2.6)

$$e^a_{g1ij} := g_{1ij}([\emptyset, |se_{fi,i}|] \times \{\Omega(v_{oj}, v_{oj-1})(+)\alpha_{fi}\})$$

$$e^b_{g1ij} := g_{1ij}(\emptyset \times \Psi_{ij})$$

$$e^c_{g1ij} := g_{1ij}([\emptyset, |se_{fi,i}|] \times \{\Omega(v_{oj+1}, v_{oj})(+)\alpha_{fi}\})$$

$$e^d_{g1ij} := g_{1ij}(|se_{fi,i}| \times \Psi_{ij}) \quad \square$$

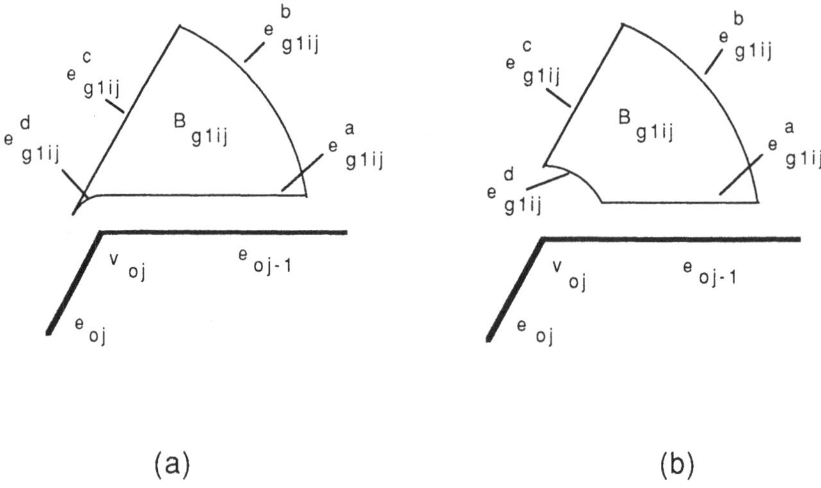

(a)　　　　　　　　　　　　　　(b)

Abb. 5.2.7 : Veranschaulichung der Kanten von B_{g1ij}, wobei im Falle (a) $se_{fi,i}$ und $se_{fi,i+1}$ existieren und im Falle (b) $se_{fi,i+1}$ nicht existiert

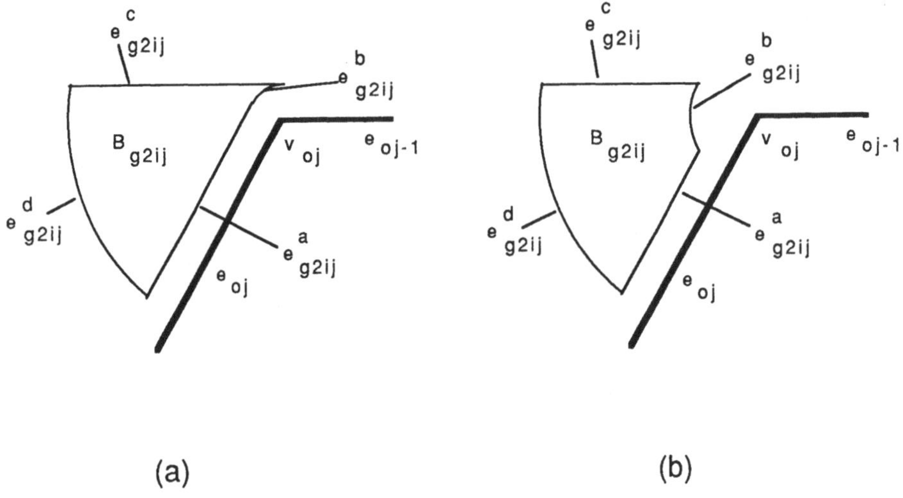

(a)　　　　　　　　　　　　　　(b)

Abb. 5.2.8 : Veranschaulichung der Kanten von B_{g1ij}, wobei im Falle (a) $se_{fi,i}$ und $se_{fi,i+1}$ existieren und im Falle (b) $se_{fi,i}$ nicht existiert

Def. 5.2.10 Wir definieren die Kanten der Bildmenge B_{g2ij} wie folgt (siehe Abb. 5.2.7)

$$e^{a}_{g2ij} := g_{2ij}([\,|\,se_{fi,i}\,|\,,\,|\,se_{fi,i+1}\,|\,] \times \{\Omega(v_{oj+1}, v_{oj})(+)\alpha_{fi}\})$$

$$e^{b}_{g2ij} := g_{2ij}(\,|\,se_{fi,i}\,|\, \times \Psi_{ij})$$

$$e^{c}_{g2ij} := g_{2ij}([\,|\,se_{fi,i}\,|\,,\,|\,se_{fi,i+1}\,|\,] \times \{\Omega(v_{oj}, v_{oj-1})(+)\alpha_{fi}\})$$

$$e^{d}_{g2ij} := g_{2ij}(\,|\,se_{fi,i+1}\,|\, \times \Psi_{ij}) \;\Box$$

Die Abbildungen 5.2.6 und 5.2.7 veranschaulichen dies. Die Kanten e^{a} und e^{c} sind Geradensegmente parallel zu e_{oj} bzw. e_{oj-1}, die Kanten e^{b} und e^{d} sind Kreisbögen von Kreisen mit Mittelpunkt um v_{oj}.

Ein Übergang zwischen zwei Kontaktarten kann offensichtlich nur dann geschehen, wenn die räumliche Lage (d.h. Position und Orientierung) des Unterarms in beiden Kontaktarten übereinstimmt. Wir zeigen zunächst, daß es keinen solchen Übergang gibt zwischen zwei Kontaktarten, falls $J_f{}'$ im Inneren der B_j liegt:

Satz 5.2.2 F sei in einer räumlichen Lage, so daß ein Kontakt einer Innenkontaktart 1 vorliegt und J'_f im Innern des zugehörigen B_1 liegt. Dann gibt es in dieser räumlichen Lage keinen Kontakt einer anderen Innenkontaktart 2, so daß $J_f{}'$ im Innern von B_2 liegt.

Beweis :

Wir nehmen an, es gebe eine räumliche Lage mit der geforderten Eigenschaft. F und O sind konvexe Polygone mit sich nicht überschneidenden Kanten (F per Definition und O aufgrund des Algorithmus zur Berechnung der konvexen Hülle). Daher können nur die folgenden Innenkontaktarten gleichzeitig auftreten:

1. Ist der Innenkontakt 1 vom Typ f_{ij}, so liegt v_{fi} in e_{oj}. Gleichzeitig kann v_{fi} in v_{oj} bzw. v_{oj+1} liegen oder e_{fi-1} bzw. e_{fi} können mit v_{oj} oder v_{oj+1} in Kontakt sein.

2. Ist der Innenkontakt 1 vom Typ g_{ij}, so ist e_{fi} mit v_{oj} in Kontakt. Gleichzeitig kann es einen Kontakt zwischen den Eckpunkten von e_{fi} und den benachbarten Kanten von v_{oj} oder zwischen e_{fi} und den benachbarten Eckpunkten von v_{oj} geben.

Diese gleichzeitigen Kontakte sind aber nur für Konfigurationen aus dem Rand der Definitionsbereiche von f_{ij} bzw. g_{ij} möglich (vergl. Def. 5.2.2 und 5.2.3). Da der Rand dieser Definitionsbereiche auf den Rand der Bildbereiche abgebildet wird, muß J'_f für die Kontaktart 2 auf dem Rand des Bildbereichs liegen (Widerspruch) $\Box$

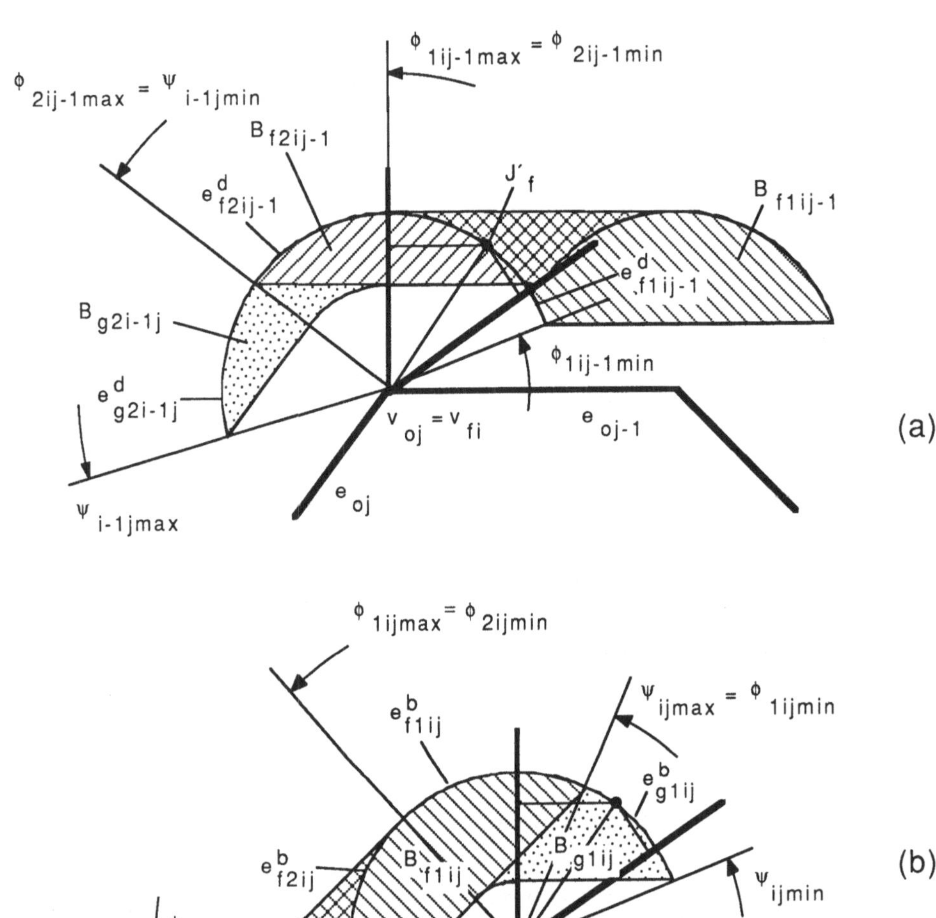

Abb. 5.2.9 : Illustration zu Satz 5.2.3 : zu jedem Punkt auf einer kreisbogenförmigen Kante in Abb. (a) gibt es einen entsprechenden Punkt auf einer kreisbogenförmigen Kante in Abb. (b), hier für den Fall eines spitzen Winkels zwischen e_{fi} und e_{fi+1}

Wir zeigen nun, daß es einen solchen Übergang geben muß, falls J'_f auf dem Rand eines B_i liegt:

Satz 5.2.3 F sei in einer räumlichen Lage, so daß ein Innenkontakt vom Typ 1 vorliegt und J'_f liege auf dem Rand des zugehörigen B_1. Dann existiert eine räumliche Lage einer anderen Innenkontaktart 2, so daß die räumlichen Lagen des Unterarms gleich sind und J'_f auf dem Rand von B_2 liegt.

Beweis :

Falls eine räumliche Lage einer anderen Innenkontaktart 2 mit dieser Eigenschaft existiert, kann es wegen Satz 5.2.2 nicht im Innern von B_2 liegen, sondern nur auf dem Rand von B_2. Wir untersuchen systematisch alle Ränder der B_i und zeigen, daß für jede räumliche Lage, bei der J_f' auf dem Rand von B_1 liegt, J_f' ebenfalls auf dem Rand von B_2 liegt und zwar bei gleicher räumlicher Lage der Kontaktart 2. Oder, anders ausgedrückt, die Ränder der B_i überschneiden sich so, daß ein Randpunkt bei gleicher räumlicher Lage immer zu zwei verschiedenen B_i's gehört.

1. Wir untersuchen zunächst alle kreisbogenförmigen Kanten. Kreisbogenförmige Kanten entstehen bei einem v_{fi}/v_{oj}-Kontakt oder bei einem m_{fi}/v_{oj}-Kontakt.

1.1 v_{fi}/v_{oj}-Kontakt

Fall (a) : $\alpha_{fi} \leq \pi/2 \wedge \beta_{fi} \leq \pi/2$ (*siehe Abb.* 5.2.8)

$$e^d_{f1ij-1} = f_{1ij-1}(v_{oj} \times \Phi_{1ij-1}) \ \textit{wird begrenzt durch}$$
$$\phi_{1ij-1min} = \Omega(v_{oj}, v_{oj-1})(+)\alpha_{fi} \ \textit{und}$$
$$\phi_{1ij-1max} = \Omega(v_{oj}, v_{oj-1})(+)\pi/2$$

$$e^d_{f2ij-1} = f_{2ij-1}(v_{oj} \times \Phi_{2ij-1}) \ \textit{wird begrenzt durch}$$
$$\phi_{2ij-1min} = \Omega(v_{oj}, v_{oj-1})(+)\pi/2 \ \textit{und}$$
$$\phi_{2ij-1max} = \Omega(v_{oj}, v_{oj-1})(+)\pi(-)\beta_{fi}$$

$$e^d_{g2i-1j} = g_{2i-1j}(\,|\,se_{fi-1,i}\,|\times \Psi_{i-1j}) \ \textit{wird begrenzt durch}$$
$$\psi_{i-1jmin} = \Omega(v_{oj}, v_{oj-1})(+)\alpha_{fi-1}$$
$$= \Omega(v_{oj}, v_{oj-1})(+)\pi(-)\beta_{fi} \ (\textit{da } \alpha_{fi-1} = \pi - \beta_{fi}) \ \textit{und}$$
$$\phi_{i-1jmax} = \Omega(v_{oj+1}, v_{oj})(+)\alpha_{fi-1} = \Omega(v_{oj}, v_{oj+1})(-)\beta_{fi}$$
$$(\textit{da } \Omega(v_{oj+1}, v_{oj}) = \Omega(v_{oj}, v_{oj+1})(-)\pi \ \textit{und } \alpha_{fi-1} = \pi - \beta_{fi})$$

e^d_{f1ij-1}, e^d_{f2ij-1} und e^d_{g2i-1j} grenzen aneinander an und bilden zusammen einen Kreisbogen, begrenzt durch $\Omega(v_{oj}, v_{oj-1})(+)\alpha_{fi}$ und $\Omega(v_{oj}, v_{oj+1})(-)\beta_{fi}$.

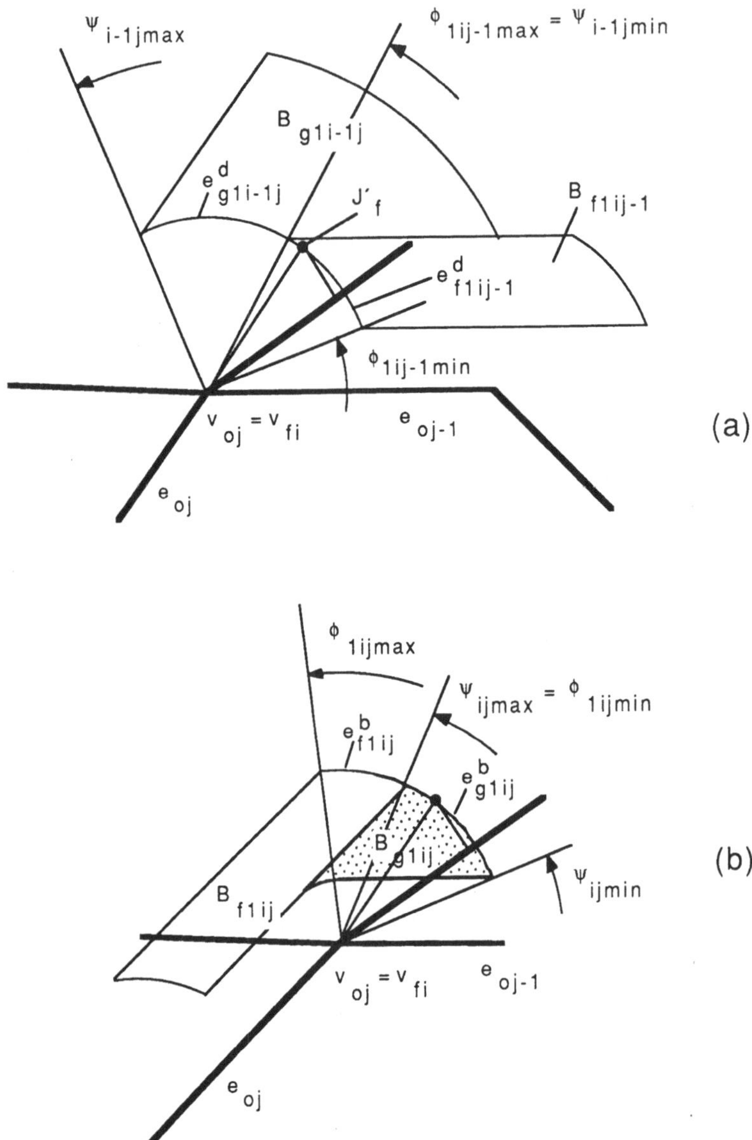

Abb. 5.2.10 : Illustration zu Satz 5.2.3 : zu jedem Punkt auf einer kreisbogenförmigen Kante in Abb. (a) gibt es einen entsprechenden Punkt auf einer kreisbogenförmigen Kante in Abb. (b), hier für den Fall eines stumpfen Winkels zwischen e_{fi} und e_{fi+1} (mit $\beta_{fi} > \pi/2$)

$e^b_{g1ij} = g_{1ij}(\emptyset \times \Psi_{ij})$ *wird begrenzt durch*

$\psi_{ijmin} = \Omega(v_{oj}, v_{oj-1})(+)\alpha_{fi}$ *und*

$\psi_{ijmax} = \Omega(v_{oj+1}, v_{oj})(+)\alpha_{fi}$

$e^b_{f1ij} = f_{1ij}(v_{oj} \times \Phi_{1ij})$ *wird begrenzt durch*

$\phi_{1ijmin} = \Omega(v_{oj+1}, v_{oj})(+)\alpha_{fi}$ *und*

$\phi_{1ijmax} = \Omega(v_{oj+1}, v_{oj})(+)\pi/2$

$e^b_{f2ij} = f_{2ij}(v_{oj} \times \Phi_{2ij})$ *wird begrenzt durch*

$\phi_{2ijmin} = \Omega(v_{oj+1}, v_{oj})(+)\pi/2$ *und*

$\phi_{2ijmax} = \Omega(v_{oj+1}, v_{oj})(+)\pi(-)\beta_{fi} = \Omega(v_{oj}, v_{oj+1})(-)\beta_{fi}$

$(da\ \Omega(v_{oj+1}, v_{oj}) = \Omega(v_{oj}, v_{oj+1})(-)\pi)$

e^b_{g1ij}, e^b_{f1ij} und e^b_{f2ij} grenzen aneinander an und bilden zusammen einen Kreisbogen, ebenfalls begrenzt durch $\Omega(v_{oj}, v_{oj-1})(+)\alpha_{fi}$ und $\Omega(v_{oj}, v_{oj+1})(-)\beta_{fi}$.

Fall (b) : $\alpha_{fi} \leq \pi/2 \wedge \beta_{fi} > \pi/2$ *(siehe Abb. 5.2.9)*

$e^d_{f1ij-1} = f_{1ij-1}(v_{oj} \times \Phi_{1ij-1})$ *wird begrenzt durch*

$\phi_{1ij-1min} = \Omega(v_{oj}, v_{oj-1})(+)\alpha_{fi}$ *und*

$\phi_{1ij-1max} = \Omega(v_{oj}, v_{oj-1})(+)\pi(-)\beta_{fi}$

$e^d_{g1i-1j} = g_{1i-1j}(\,|\,se_{fi-1,i-1}\,|\, \times \Psi_{i-1j})$ *wird begrenzt durch*

$\psi_{i-1jmin} = \Omega(v_{oj}, v_{oj-1})(+)\alpha_{fi-1}$

$\qquad = \Omega(v_{oj}, v_{oj-1})(+)\pi(-)\beta_{fi}\ (da\ \alpha_{fi-1} = \pi - \beta_{fi})$ *und*

$\psi_{i-1jmax} = \Omega(v_{oj+1}, v_{oj})(+)\alpha_{fi-1} = \Omega(v_{oj}, v_{oj+1})(-)\beta_{fi}$

$(da\ \Omega(v_{oj+1}, v_{oj}) = \Omega(v_{oj}, v_{oj+1})(-)\pi\ und\ \alpha_{fi-1} = \pi - \beta_{fi})$

e^d_{f1ij-1} und e^d_{g1i-1j} grenzen aneinander an und bilden zusammen einen Kreisbogen, begrenzt durch $\Omega(v_{oj}, v_{oj-1})(+)\alpha_{fi}$ und $\Omega(v_{oj}, v_{oj+1})(-)\beta_{fi}$.

$e^b_{g1ij} = g_{1ij}(\emptyset \times \Psi_{ij})$ *wird begrenzt durch*

$\psi_{ijmin} = \Omega(v_{oj}, v_{oj-1})(+)\alpha_{fi}$ *und*

$\psi_{ijmax} = \Omega(v_{oj+1}, v_{oj})(+)\alpha_{fi}$

$e^b_{f1ij} = f_{1ij}(v_{oj} \times \Phi_{1ij})$ *wird begrenzt durch*

$\phi_{1ijmin} = \Omega(v_{oj+1}, v_{oj})(+)\alpha_{fi}$ *und*

$\phi_{1ijmax} = \Omega(v_{oj+1}, v_{oj})(+)\pi(-)\beta_{fi}$

$\qquad = \Omega(v_{oj}, v_{oj+1})(-)\beta_{fi}$

$(da\ \Omega(v_{oj+1}, v_{oj}) = \Omega(v_{oj}, v_{oj+1})(-)\pi)$

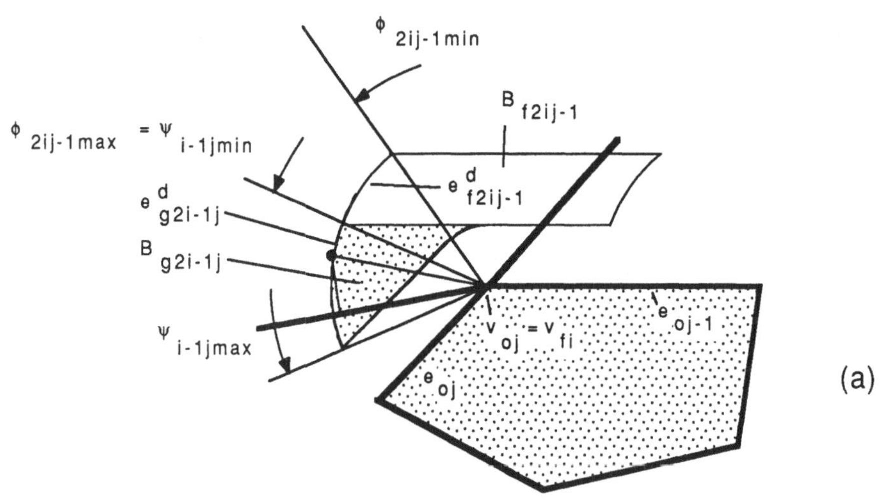

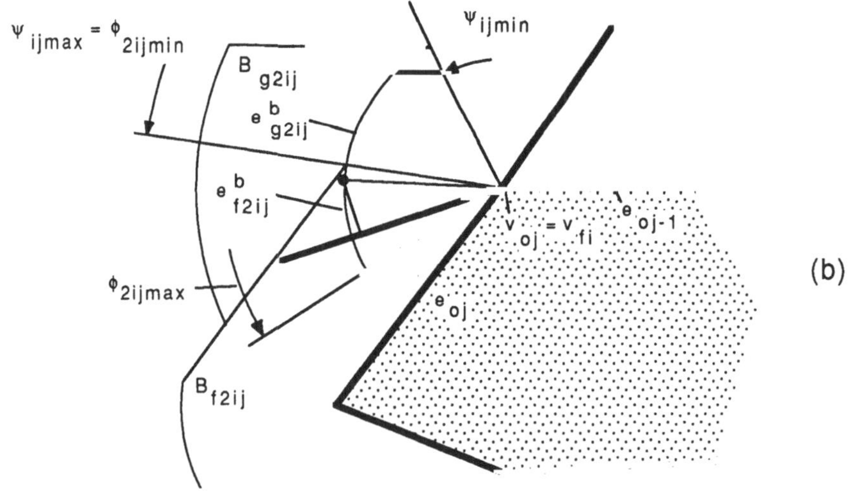

Abb. 5.2.11 : Illustration zu Satz 5.2.3 : zu jedem Punkt auf einer kreisbogenförmigen Kante in Abb. (a) gibt es einen entsprechenden Punkt auf einer kreisbogenförmigen Kante in Abb. (b), hier für den Fall eines stumpfen Winkels zwischen e_{fi} und e_{fi+1} (mit $\alpha_{fi} > \pi/2$)

e^{b}_{g1ij} und e^{b}_{f1ij} grenzen aneinander an und bilden zusammen einen Kreisbogen, ebenfalls begrenzt durch $\Omega(v_{oj},v_{oj-1})(+)\alpha_{fi}$ und $\Omega(v_{oj},v_{oj+1})(-)\beta_{fi}$.

Fall (c) : $\alpha_{fi} > \pi/2 \wedge \beta_{fi} \leq \pi/2$ *(siehe Abb.5.2.10)*

$e^{d}_{f2ij-1}=f_{2ij-1}(v_{oj}\times\Phi_{2ij-1})$ *wird begrenzt durch*

$\phi_{2ij-1min}=\Omega(v_{oj},v_{oj-1})(+)\alpha_{fi}$ *und*

$\phi_{2ij-1max}=\Omega(v_{oj},v_{oj-1})(+)\pi(-)\beta_{fi}$

$e^{d}_{g2i-1j}=g_{2i-1j}(\,|\,se_{fi-1,i}\,|\times\Psi_{i-1j})$ *wird begrenzt durch*

$\psi_{i-1jmin}=\Omega(v_{oj},v_{oj-1})(+)\alpha_{fi-1}=\Omega(v_{oj},v_{oj-1})(+)\pi(-)\beta_{fi}$ *(da* $\alpha_{fi-1}=\pi-\beta_{fi}$*)* *und*

$\psi_{i-1jmax}=\Omega(v_{oj+1},v_{oj})(+)\alpha_{fi-1}=\Omega(v_{oj},v_{oj+1})(-)\beta_{fi}$

(da $\Omega(v_{oj+1},v_{oj})=\Omega(v_{oj},v_{oj+1})(-)\pi$ *und* $\alpha_{fi-1}=\pi-\beta_{fi}$*)*

e^{d}_{f2ij-1} und e^{d}_{g2i-1j} grenzen aneinander an und bilden zusammen einen Kreisbogen, begrenzt durch $\Omega(v_{oj},v_{oj-1})(+)\alpha_{fi}$ und $\Omega(v_{oj},v_{oj+1})(-)\beta_{fi}$.

$e^{b}_{g2ij}=g_{2ij}(\emptyset\times\Psi_{ij})$ *wird begrenzt durch*

$\psi_{ijmin}=\Omega(v_{oj},v_{oj-1})(+)\alpha_{fi}$ *und*

$\psi_{ijmax}=\Omega(v_{oj+1},v_{oj})(+)\alpha_{fi}$

$e^{b}_{f2ij}=f_{2ij}(v_{oj}\times\Phi_{2ij})$ *wird begrenzt durch*

$\phi_{2ijmin}=\Omega(v_{oj+1},v_{oj})(+)\alpha_{fi}$ *und*

$\phi_{2ijmax}=\Omega(v_{oj+1},v_{oj})(+)\pi(-)\beta_{fi}=\Omega(v_{oj},v_{oj+1})(-)\beta_{fi}$

(da $\Omega(v_{oj+1},v_{oj})=\Omega(v_{oj},v_{oj+1})(-)\pi$*)*

e^{b}_{g2ij} und e^{b}_{f2ij} grenzen aneinander an und bilden zusammen einen Kreisbogen, ebenfalls begrenzt durch $\Omega(v_{oj},v_{oj-1})(+)\alpha_{fi}$ und $\Omega(v_{oj},v_{oj+1})(-)\beta_{fi}$.

1.2 m_{fi}/v_{oj}-Kontakt

Die Bedingung für die Existenz dieser Kontaktarten ist, daß $\alpha_{fi} < \pi/2$ und $\beta_{fi+1}<\pi/2$ gilt (siehe Abb. 5.2.11). In diesem Fall ist

$e^{d}_{g1ij}=g_{1ij}(\,|\,se_{fi,i}\,|\times\Psi_{ij})=e^{b}_{g2ij}=g_{2ij}(\,|\,se_{fi,i}\,|\times\Psi_{ij})$.

Für alle räumlichen Lagen, für die J'_{f} auf einer kreisbogenförmigen Kante e_{1} liegt, liegt J'_{f} also stets auch auf einer zweiten kreisbogenförmigen Kante e_{2}, die e_{1} überlappt.

2. Wir untersuchen nun alle geraden Kanten. Gerade Kanten entstehen bei einem e_{fi}/e_{oj}-Kontakt oder bei einem v_{fi}/e_{oj}-Kontakt (für $\phi = \pi/2$). Im folgenden werden der Einfachheit halber die Endpunkte der geraden Kanten durch Gegenüberstellen zweier Geometrieelemente von F und O charakterisiert (Symbol $\odot$), wobei J'_{f} immer in der betreffenden Kante liege. Z.B. werden die Endpunkte von e^{a}_{f1ij} durch die Angaben $v_{fi} \odot v_{oj}$ und $v_{fi} \odot v_{oj+1}$ beschrieben, wobei J'_{f} jeweils in e^{a}_{f1ij} liege.

2.1 e_{fi}/e_{oj}-Kontakt

Fall (a) : $se_{fi,i}$ und $se_{fi,i+1}$ existieren, d.h. $\alpha_{fi} < \pi/2$ und $\beta_{fi+1} < \pi/2$ (siehe Abb. 5.2.12).

$e^a_{f1ij} = f_{1ij}(e_{oj} \times \alpha_{fi})$ *wird begrenzt durch* $v_{fi} \odot v_{oj}$ *und* $v_{fi} \odot v_{oj+1}$

$e^a_{g1ij+1} = g_{1ij+1}([\emptyset, se_{fi,i}] \times \Omega(v_{oj}, v_{oj-1})(+)\alpha_{fi})$ *wird begrenzt durch* $v_{fi} \odot v_{oj+1}$ *und* $m_{fi} \odot v_{oj+1}$

$e^c_{g2ij+1} = g_{2ij+1}([\,se_{fi,i}\,, \,se_{fi,i+1}\,] \times \Omega(v_{oj}, v_{oj-1})(+)\alpha_{fi})$ *wird begrenzt durch* $m_{fi} \odot v_{oj+1}$ *und* $v_{fi+1} \odot v_{oj+1}$

e^a_{f1ij}, e^a_{g1ij+1} und e^c_{g2ij+1} grenzen aneinander an und bilden zusammen ein Geradensegment, begrenzt durch $v_{fi} \odot v_{oj}$ und $v_{fi+1} \odot v_{oj+1}$.

$e^c_{g1ij} = g_{1ij}([\emptyset, se_{fi,i}] \times \Omega(v_{oj+1}, v_{oj})(+)\alpha_{fi})$ *wird begrenzt durch* $v_{fi} \odot v_{oj}$ *und* $m_{fi} \odot v_{oj}$

$e^a_{g2ij} = g_{2ij}([\,se_{fi,i}\,, \,se_{fi,i+1}\,] \times \Omega(v_{oj+1}, v_{oj})(+)\alpha_{fi})$ *wird begrenzt durch* $m_{fi} \odot v_{oj}$ *und* $v_{fi+1} \odot v_{oj}$

$e^a_{f2i+1j} = f_{2i+1j}(e_{oj} \times \Omega(v_{oj+1}, v_{oj})(+)\pi(-)\beta_{fi+1})$ *wird begrenzt durch* $v_{fi+1} \odot v_{oj}$ *und* $v_{fi+1} \odot v_{oj+1}$

e^c_{g1ij}, e^a_{g2ij} und e^a_{f2i+1j} grenzen aneinander an und bilden zusammen ein Geradensegment, ebenfalls begrenzt durch $v_{fi} \odot v_{oj}$ und $v_{fi+1} \odot v_{oj+1}$.

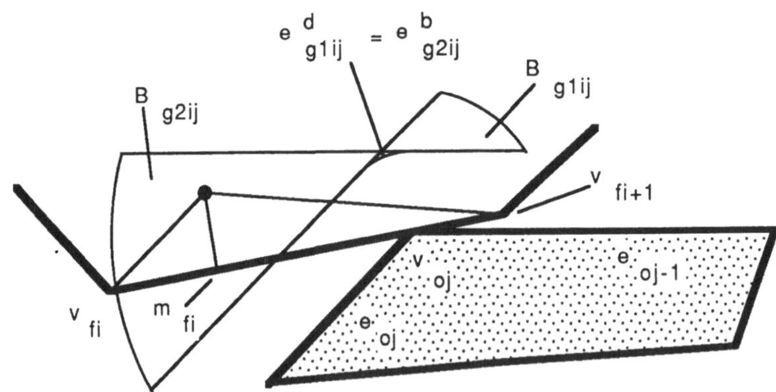

Abb. 5.2.12 : Illustration zu Satz 5.2.3 : zu jedem Punkt auf einer kreisbogenförmigen Kante in Abb. (a) gibt es einen entsprechenden Punkt auf einer kreisbogenförmigen Kante in Abb. (b), hier für den Fall eines m_{fi}/v_{oj}-Kontakts

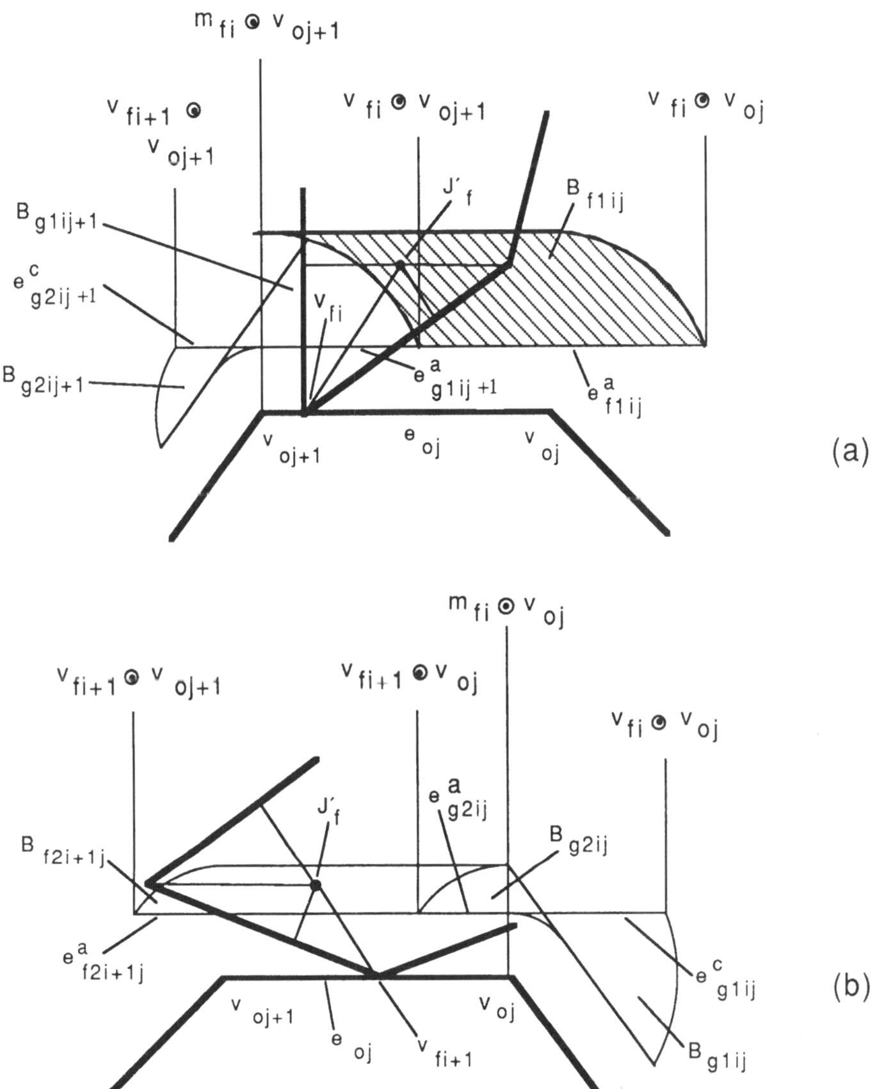

Abb. 5.2.13 : Illustration zu Satz 5.2.3 : zu jedem Punkt auf einer geraden Kante in Abb. (a) gibt es einen entsprechenden Punkt auf einer geraden Kante in Abb. (b), hier für den Fall, daß $se_{fi,i}$ und $se_{fi,i+1}$ existieren

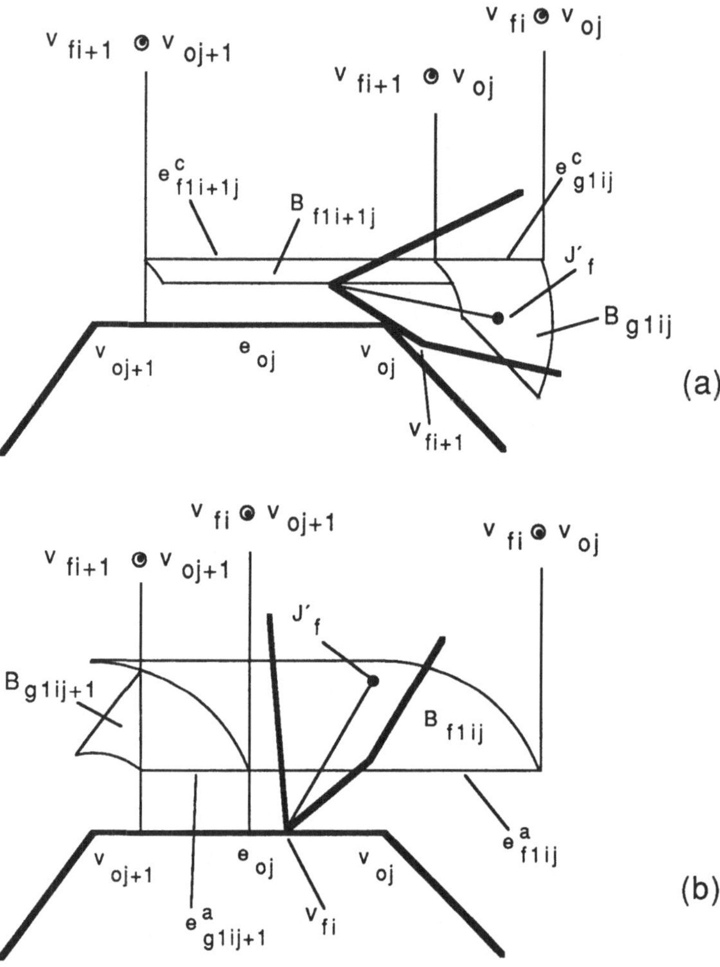

Abb. 5.2.14 : Illustration zu Satz 5.2.3 : zu jedem Punkt auf einer geraden Kante in Abb. (a) gibt es einen entsprechenden Punkt auf einer geraden Kante in Abb. (b), hier für den Fall, daß $se_{fi,i}$ existiert und $se_{fi,i+1}$ nicht existiert

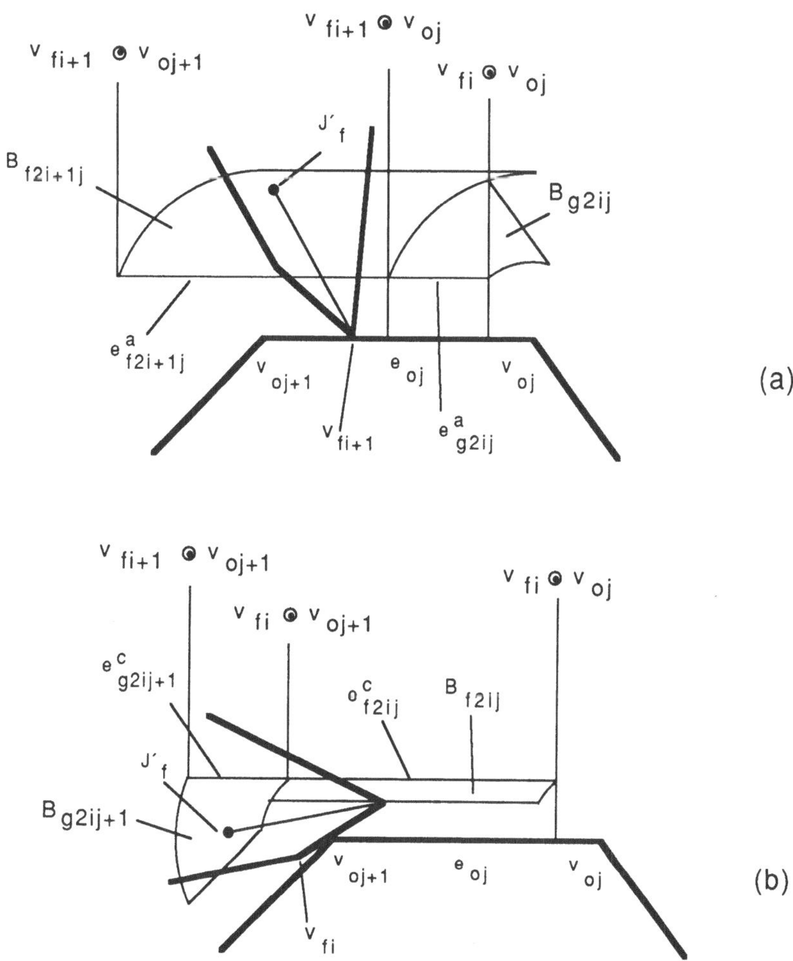

Abb. 5.2.15 : Illustration zu Satz 5.2.3 : zu jedem Punkt auf einer geraden Kante in Abb. (a) gibt es einen entsprechenden Punkt auf einer geraden Kante in Abb. (b), hier für den Fall, daß $se_{fi,i}$ nicht existiert und $se_{fi,i+1}$ existiert

Fall (b) : $se_{f_i,i}$ existiert und $se_{f_i,i+1}$ existiert nicht, d.h. $\alpha_{f_i} < \pi/2$ und $\beta_{f_i+1} \geq \pi/2$ (siehe Abb. 5.2.13).

e^c_{g1ij} *wird begrenzt durch* $v_{f_i}\odot v_{o_j}$ *und* $v_{f_i+1}\odot v_{o_j}$

e^c_{f1i+1j} *wird begrenzt durch* $v_{f_i+1}\odot v_{o_j}$ *und* $v_{f_i+1}\odot v_{o_j+1}$

e^a_{f1ij} *wird begrenzt durch* $v_{f_i}\odot v_{o_j}$ *und* $v_{f_i}\odot v_{o_j+1}$

e^a_{g1ij+1} *wird begrenzt durch* $v_{f_i}\odot v_{o_j+1}$ *und* $v_{f_i+1}\odot v_{o_j+1}$

Sowohl e^c_{g1ij} und e^c_{f1i+1j} als auch e^a_{f1ij} und e^a_{g1ij+1} grenzen jeweils aneinander an und bilden jeweils ein Geradensegment, beide begrenzt durch $v_{f_i} \odot v_{o_j}$ und $v_{f_i+1} \odot v_{o_j+1}$.

Fall (c) : $se_{f_i,i}$ existiert nicht und $se_{f_i,i+1}$ existiert, d.h. $\alpha_{f_i} \geq \pi/2$ (siehe Abb. 5.2.14).

e^a_{g2ij} *wird begrenzt durch* $v_{f_i}\odot v_{o_j}$ *und* $v_{f_i+1}\odot v_{o_j}$

e^a_{f2i+1j} *wird begrenzt durch* $v_{f_i+1}\odot v_{o_j}$ *und* $v_{f_i+1}\odot v_{o_j+1}$

e^c_{f2ij} *wird begrenzt durch* $v_{f_i}\odot v_{o_j}$ *und* $v_{f_i}\odot v_{o_j+1}$

e^c_{g2ij+1} *wird begrenzt durch* $v_{f_i+1}\odot v_{o_j}$ *und* $v_{f_i+1}\odot v_{o_j+1}$

Sowohl e^a_{g2ij} und e^a_{f2i+1j} als auch e^c_{f2ij} und e^c_{g2ij+1} grenzen jeweils aneinander an und bilden jeweils ein Geradensegment, beide begrenzt durch $v_{f_i} \odot v_{o_j}$ und $v_{f_i+1} \odot v_{o_j+1}$.

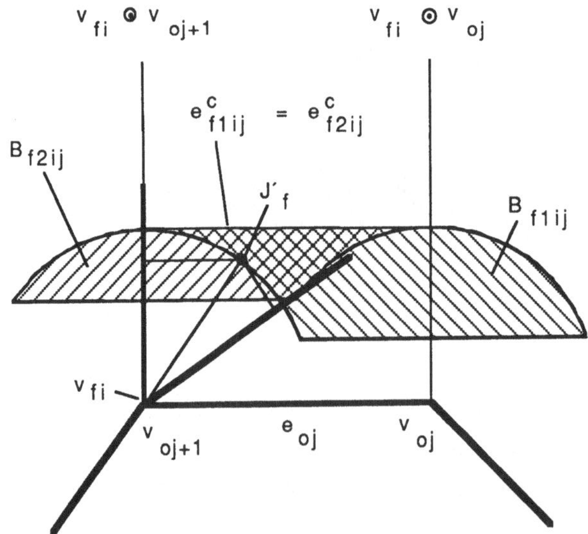

Abb. 5.2.16 : Illustration zu Satz 5.2.3 : zu jedem Punkt auf einer geraden Kante in Abb. (a) gibt es einen entsprechenden Punkt auf einer geraden Kante in Abb. (b), hier für den Fall, daß $\phi = \pi/2$

2.2. v_{fi}/e_{oj}-Kontakt (für $\phi = \pi/2$)

e^c_{f1ij} und e^c_{f2ij} sind gleich (siehe Abb. 5.2.15).

Zu allen Punkten auf geraden Kanten läßt sich also stets ein identischer Punkt auf einer anderen Kante finden □

(Anmerkung : Für einen Punkt auf dem Rand von B_1 existiert aber **nicht genau ein** gleicher Punkt auf B_2, sondern u.U. auch zwei gleiche Punkte auf B_2 und B_3. Dies ist z.B. der Fall, wenn der Punkt auf dem Berührungspunkt der Kanten zweier benachbarter B_i's liegt. Dieser Fall ist für uns von Bedeutung, weil wir eindeutig wissen wollen, zwischen welchen beiden B_i's und damit welchen beiden Kontaktarten der Übergang erfolgt. Wir können diese Sonderfälle einfach lösen, indem wir für Nachbarpunkte auf dem Kreis von $J_f{'}$ bestimmen, zu welchen B_i's sie gehören. Wir werden daher im Folgenden voraussetzen, daß diese Übergänge eindeutig sind (ohne dies explizit zu beweisen).)

Wir wissen nun also für einen Kreisbogen b aus der Schnittmenge $C \cap B_i$, daß für seine inneren Punkte eindeutig eine Innenkontaktart i vorliegen muß (Satz 5.2.2). Wir wissen außerdem, daß es an den Enden von b Übergänge zu anderen Innenkontaktarten j und k gibt (Satz 5.2.3). Offenbar hängen diese b_i's über die Übergänge in irgendeiner Weise zusammen. Wir können zeigen, daß dieser Zusammenhang zyklischer Art ist, d.h. daß die Kette der an den Übergängen zusammenhängenden b_i's geschlossen ist:

Satz 5.2.4 Der Unterarm sei in seiner Ausgangslage in einem beliebigen f- oder g-Kontakt mit der Bildmenge B_{j0}, wobei $J_f{'}$ auf $b_{i0j0} \in C \cap B_{j0}$ liege. Läßt man $J_f{'}$ auf C wandern, wobei

— der jeweilige Kontakt beibehalten wird und

— der Umlaufsinn bezüglich C auf jeweils einem b_{ij} immer gleich ist und

— am Ende eines b_{ij} auf ein gemäß Satz 5.2.3 bestimmtes b_{kl} übergegangen wird,

dann wird die Ausgangslage wieder erreicht.

Beweis :

Fall 1 : Ist $C \subset B_{j0}$, dann ist die Behauptung trivialerweise erfüllt.

Fall 2 ($C \neg \subset B_i$) : Wir lassen $J_f{'}$ in einer der zwei möglichen Richtungen wandern, z.B. in Richtung des Endpunktes 1 von b_{i0j0}. Nach Satz 5.2.3 (und der darauf folgenden Anmerkung) besteht genau eine Möglichkeit des Übergangs auf irgendein b_{i1j1}. Beim Wandern auf b_{i1j1} ist nun die Richtung von vornherein festgelegt und am Ende von b_{i1j1} gibt es wieder genau einen Übergang nach b_{i2j2}, usw.

Bei irgendeinem $b_{i_n j_n}$ muß aber, da die Anzahl der b_i's endlich ist, die Menge der noch unbenutzten b_i's leer sein (bereits benutzte b_i's können wegen der Eindeutigkeit des Übergangs nicht noch einmal verwendet werden.). Es bleiben als offene Enden nur noch die unbenutzten Enden von $b_{i_n j_n}$ und von $b_{i_0 j_0}$ übrig und diese müssen mangels Alternativen aneinander passen. Von diesem Endpunkt 2 schließlich lasssen wir $J_f{'}$ in Richtung des Endpunktes 1 wandern, bis der Arm wieder seine Ausgangslage erreicht hat $\square$

Zur Verdeutlichung dieses Sachverhalts soll das Beispiel in Abb. 5.2.17 dienen. Der Kreis C schneidet die in Abb. 5.2.17 (b) gezeigten Bildmengen in den Punkten $p_2,...,p_5$. Aus seiner Ausgangslage mit $J_f{'}$ am Punkt p_1 lassen wir $J_f{'}$ unter Beibehaltung des $f_{2ij\text{-}1}$-Kontakts nach p_2 wandern. Dort geht der Arm über in einen $f_{1ij\text{-}1}$-Kontakt und $J_f{'}$ wandert nun zwangsläufig nach p_3. In p_3 gehen wir über in einen g_{1ij}-Kontakt und in p_4 in einen f_{1ij}-Kontakt. In p_5 wechseln wir zurück zum $f_{2ij\text{-}1}$-Kontakt. Von da aus wandert $J_f{'}$ in die Ausgangslage p_1 zurück. Abb. 5.2.18 (b) zeigt noch einmal den Zusammenhang zwischen den durchlaufenen Kreisbögen. Abb. 5.2.18 (a) zeigt die bei diesen Bewegungen von J_w beschriebene Kurve.

Mit diesem Ergebnis können wir nun auch zeigen, daß der Referenzpunkt J_w eine geschlossene Kurve durchläuft, während $J_f{'}$ den beschriebenen Zyklus durchläuft:

Satz 5.2.5 Bewegt sich $J_f{'}$ wie in Satz 5.2.4 beschrieben, dann durchläuft J_w eine geschlossene Kurve.

Beweis :

Trivial, denn bewegt sich $J_f{'}$ auf einer geschlossenen Kurve unter stetiger Änderung der Orientierung des Unterarms, dann muß auch J_w eine geschlossene Kurve durchlaufen $\square$

Wir beschreiben nun die Methode zur Bestimmung der Kreisbögen $b_{ij} = C \cap B_j$. Hierzu untersuchen wir die Schnittpunkte von C mit B_j. An einem solchen Schnittpunkt grenzen zwei Kreisbögen aneinander, von denen einer innerhalb und einer außerhalb von B_j liegt. Wir interessieren uns nur für den innerhalb von B_j liegenden Teil. Um dessen zwei Endpunkte identifizieren zu können, unterscheiden wir Eintrittspunkte und Austrittspunkte bezüglich des mathematisch positiven Umlaufsinns:

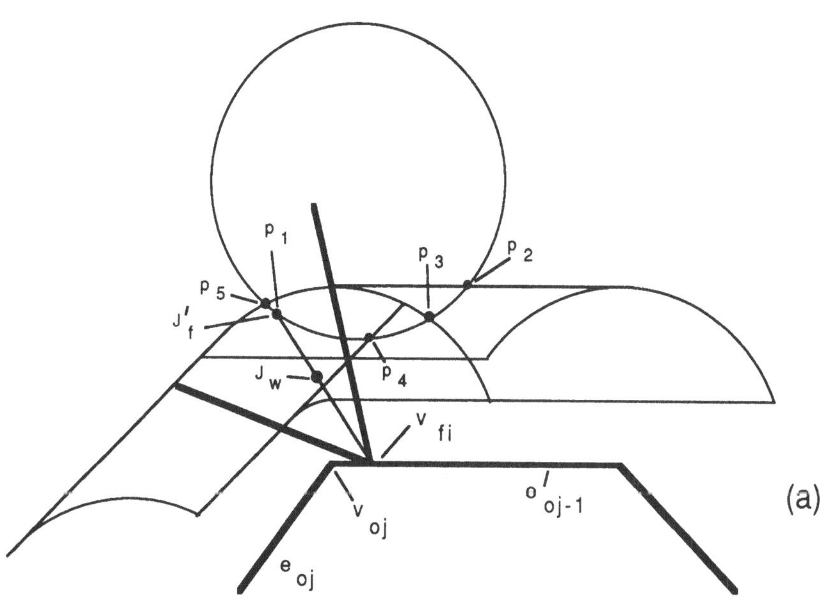

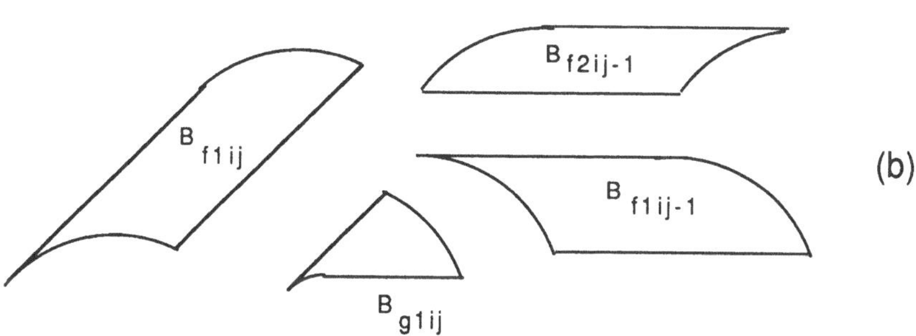

Abb. 5.2.17 : Beispiel zur Bildung eines Zyklus von Kreisbögen; der Kreis C schneidet die B_i's in den Punkten $p_1, ..., p_5$ (Abb. (a)). Die beteiligten B_i's sind der besseren Übersichtlichkeit wegen in Abb. (b) noch einmal separat dargestellt.

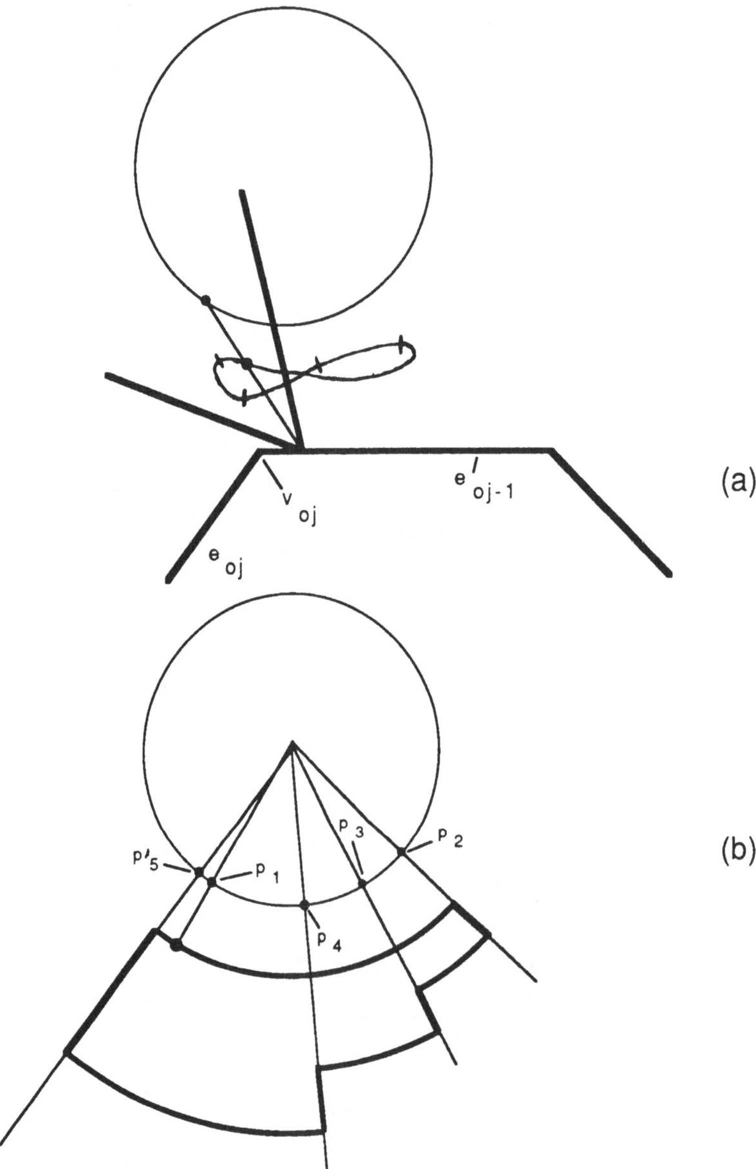

Abb. 5.2.18 : Beispiel zur Bildung eines Zyklus von Kreisbögen; die resultierenden Kanten des Konfigurationsraumhindernisses sind in Abb. (a) dargestellt. Der zugehörige Zyklus der Kreisbögen ist in Abb. (b) zu sehen. Dabei wurden die Kreisbögen zur besseren Veranschaulichung in radialer Richtung vergrössert. Der Zyklus, bestehend aus den Kreisbögen und deren Übergängen, ist fett gezeichnet

Def. 5.2.11 Sei C der Kreis mit Mittelpunkt m, auf dem sich J'_f bewegt und C′ der Kreis um v_{oj}, der eine zu untersuchende Kante e eines B_k enthält. C schneide C′ in dieser Kante mit Schnittpunkt s. Falls e konvex ist (d.h. B_k liegt auf der Innenseite von C′), so ist s ein (siehe Abb. 5.2.19 (a))

Eintrittspunkt bez. B_k, falls $\Omega(s,m)(>)\Omega(s,v_{oj})$ und ein

Austrittspunkt bez. B_k, falls $\Omega(s,v_{oj})(>)\Omega(s,m)$.

Falls e konkav ist (d.h. B_k liegt auf der Außenseite von C′), so ist s ein (siehe Abb. 5.2.19 (b))

Eintrittspunkt bez. B_k, falls $\Omega(s,v_{oj})(>)\Omega(s,m)$.

Austrittspunkt bez. B_k, falls $\Omega(s,m)(>)\Omega(s,v_{oj})$ und ein

$\overline{pp}'$ sei die gerade Kante von B_k, die den Schnittpunkt s enthält. B_k liege in Richtung $\overline{pp}'$ blickend links von dieser Kante (siehe Abb. 5.2.19 (c)). Dann ist s ein

Eintrittspunkt bez. B_k, falls $\Omega(s,m)(>)\Omega(p,p\,)(+)\pi/2$

und ein

Austrittspunkt bez. B_k, falls $\Omega(s,m)(>)\Omega(p,p\,)(-)\pi/2$ □

Wir berechnen nun die Schnittpunkte von C mit allen Kreisen C'_{ij} mit Radius c_{ffi} und Mittelpunkt v_{oj}. Wir bestimmen außerdem die Schnittpunkte von C mit allen Geraden g_{ij}, die parallel zu e_{oj} im Abstand $|\,m_{fi}\,|$ verlaufen. Von Satz 5.2.3 wissen wir, daß jedem Punkt auf dem Rand eines B_* zwei Kreisbögen b_1 und b_2 und damit auch zwei Bildmengen B_1 und B_2 zugeordnet werden können [1]. Entsprechend definieren wir einen Übergang zwischen zwei Bildmengen:

Def. 5.2.12 C sei der Kreis um den Mittelpunkt m, auf dem sich J'_f bewegen kann. C schneide den Rand einer Bildmenge B_1 bzw. B_2 in einem gemeinsamen Punkt s, so daß der Unterarm für beide Kontaktarten in der gleichen räumlichen Lage sei. Dann definieren wir einen Übergang

$$\tau = (s, B_1, B_2)$$

zwischen den Innenkontaktarten 1 und 2 □

---

[1] Aus Platzgründen verzichten wir auf die Behandlung der möglichen Sonderfälle, daß C C′ tangiert bzw. g tangiert, daß C und C′ identisch sind, daß C vollständig in einem B_i enthalten ist und daß C b_i in einem seiner Endpunkte schneidet.

Da die Übergänge zwischen den b_i's eindeutig sind, kann ein b_i immer nur zu einem Zyklus gehören. Es kann aber durchaus mehrere Zyklen (mit disjunkten b_i's) geben. Wir konstruieren nun die Zyklen der b_i's wie folgt:

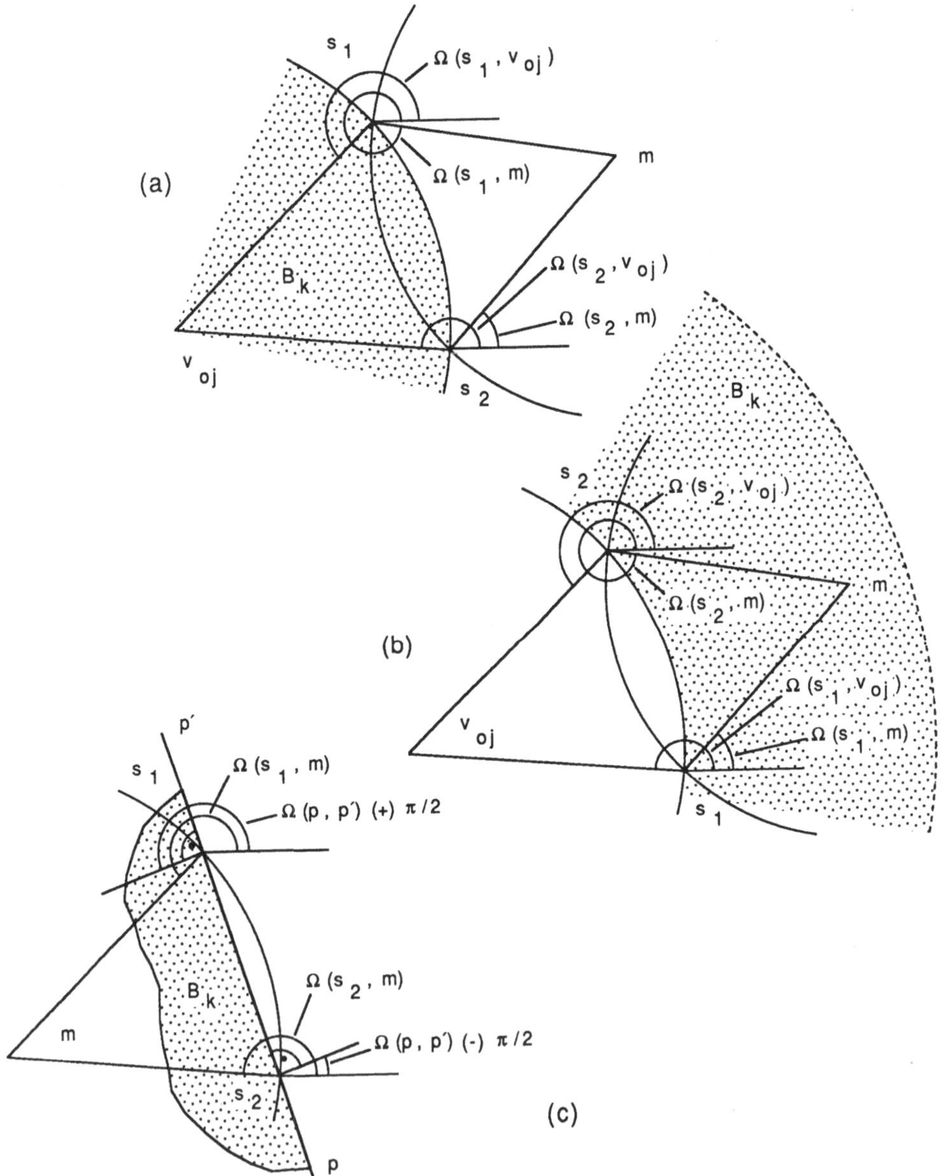

Abb. 5.2.19 : Definition eines Eintrittspunkts (s_1) und eines Austrittspunkts (s_2) für die Fälle einer circularen konvexen Kante (Abb. (a)), einer circularen konkaven Kante (Abb. (b)) und einer geraden Kante (Abb. (c))

Algorithmus 5.2.1

Finde_Zyklen (M_1, M_2);
{ M_1 sei die Menge der Übergänge und M_2 die Menge der gefundenen Zyklen }
BEGIN
WHILE M_1 nicht_leer DO
  BEGIN
  zyklus_gefunden := FALSE;
  entnehme ein $\tau = (s, B_1, B_2)$ aus M_1 und verringere M_1 um τ ;
  wähle willkürlich $x \in \{1,2\}$ und $y \in \{1,2\}$, $x \neq y$;
    REPEAT
    IF (s ist Eintrittspunkt bez. B_x) THEN
      BEGIN
      suche in M_1 nach einem $\tau' = (s', B'_1, B'_2)$, so daß $B'_{x'}$ an B_x paßt, d.h. daß $B'_{x'} = B_x$
      gilt ($x' \in \{1,2\}$, $y' \in \{1,2\}$, $x' \neq y'$) und s' ein Austrittspunkt bez. $B'_{x'}$ ist;
      falls mehrere solche τ'_i existieren, wähle dasjenige, für das
      $\Omega(m, s'_i)(-)\Omega(m, s)$ minimal ist;
      END;
    IF (s ist Austrittspunkt bez. B_x) THEN
      BEGIN
      suche in M_1 nach einem $\tau' = (s', B'_1, B'_2)$, so daß $B'_{x'}$ an B_x paßt, d.h. daß $B'_{x'} = B_x$
      gilt ($x' \in \{1,2\}$, $y' \in \{1,2\}$, $x' \neq y'$) und s' ein Eintrittspunkt bez. $B'_{x'}$ ist;
      falls mehrere solche τ'_i existieren, wähle dasjenige, für das
      $\Omega(m, s'_i)(-)\Omega(m, s)$ minimal ist;
      END;
    erzeuge einen Kreisbogen b mit den Enden s und s', der durch B_x führt;
    vermindere M_1 um τ';
    IF (B'_y paßt an B_y) THEN
      BEGIN
      schließe die beiden offenen Enden des Zyklus zusammen;
      zyklus_gefunden := TRUE;
      addiere neuen Zyklus zu M_2;
      END;
    UNTIL zyklus_gefunden = TRUE
  END
END

5.3 Berechnung der Hindernisflächen

Bisher haben wir die zwei verschiedenen Typen von Kanten der Hindernisflächen getrennt betrachtet. In diesem Kapitel sollen diese Kanten zusammengefügt werden.

Wir können zwischen zwei verschiedenen Typen von Hindernisflächen unterscheiden:

1. Flächen, die von Innenkontakt- und Grenzkontaktkanten umrandet werden; dies ist der Normalfall (siehe Abb. 5.3.1).

2. Flächen, die nur von Innenkontakt-Kanten umrandet werden; dieser Fall kommt normalerweise für sinnvolle Unterarmgeometrien nicht vor.

Wegen der unregelmässigen Struktur dieser Flächen können wir die horizontalen Extremwerte $t_{min/max}$ (siehe Kap. 3.3) nicht direkt durch Schnitt horizontaler Geraden mit den Kanten berechnen. Wir sind vielmehr darauf angewiesen, die Kanten in das Zellengitter abzubilden und die davon eingeschlossenen Zellen zu bestimmen. Aus den so markierten Zellen können dann schichtweise wie in Kap. 3.3 die von der Fläche belegten t-Intervalle abgelesen werden. Die dafür benötigte zweidimensionale Zellenstruktur ergibt sich aus der Schnittmenge der Mittelebene des Unterarms E_f für die jeweiligen Grenzen der Θ_1-Subintervalle mit den Ebenen des Kubusraums. Die Abbildung der Kanten in das Zellengitter und das Ausfüllen der eingeschlossenen Zellen werden im Lauf des Kapitels noch vorgestellt. Bei Flächen, die nur von Innenkontakt-Kanten umgeben sind, werden die Kanten direkt in ein zweidimensionales Zellengitter abgebildet.

Bei Flächen, die sowohl von Innenkontakt- als auch von Grenzkontaktkanten umrandet werden, müssen die Innenkontaktkanten zunächst noch an den GI-Übergangspunkten (siehe Kap. 5.1) aufgetrennt werden. Diese GI-Übergangspunkte sind einerseits die Endpunkte der kreisbogenförmigen Grenzkontaktkanten. Andererseits geht an diesen Punkten innerhalb eines Innenkontaktzyklus eine Kante des kinematischen Zustands (a) in eine Kante des kinematischen Zustands (b) über. Durch diese Auftrennung wird aus dem Zyklus von Kreisbögen b_i eine Menge von Listen erzeugt. Der Kreisbogen, in dem der betreffende Übergangspunkt liegt, wird dabei an dieser Stelle in zwei Kreisbögen aufgetrennt.

Zur Verdeutlichung greifen wir noch einmal auf das Beispiel der Abbildungen 5.2.17 und 5.2.18 zurück, bei dem eine Folge von Innenkontaktkanten erzeugt wurde (siehe Abb. 5.3.2 (a)). Die zugehörige Grenzkontaktkante ist in Abb. 5.3.2 (b) gezeigt. Wird die Folge von Innenkontaktkanten an den GI-Übergangspunkten aufgetrennt und mit der (duplizierten) Grenzkontaktkante verbunden, dann ergeben sich die Hindernisflächen für die kinematischen Zustände (a) und (b) (siehe Abb. 5.3.3).

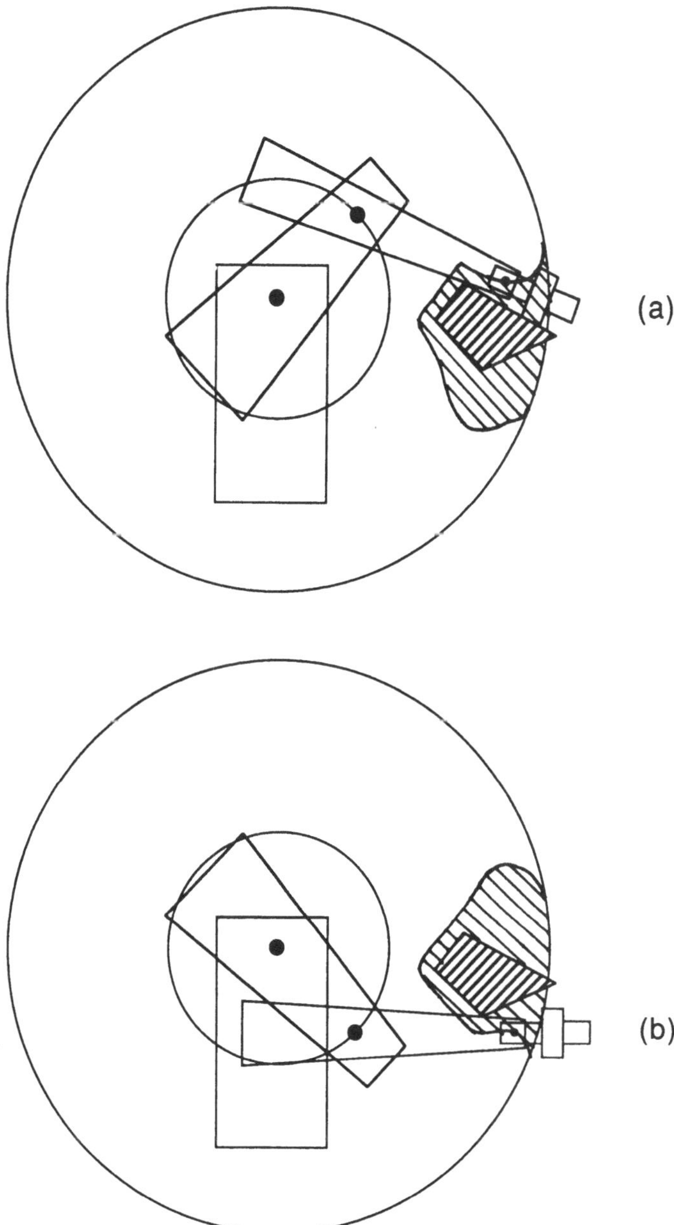

Abb. 5.3.1 : Beispiele von Hindernisflächen die sowohl von Innen- als auch Grenzkontaktkanten umrandet werden, in Abb. (a) für den kinematischen Zustand above und in Abb. (b) für den kinematischen Zustand below

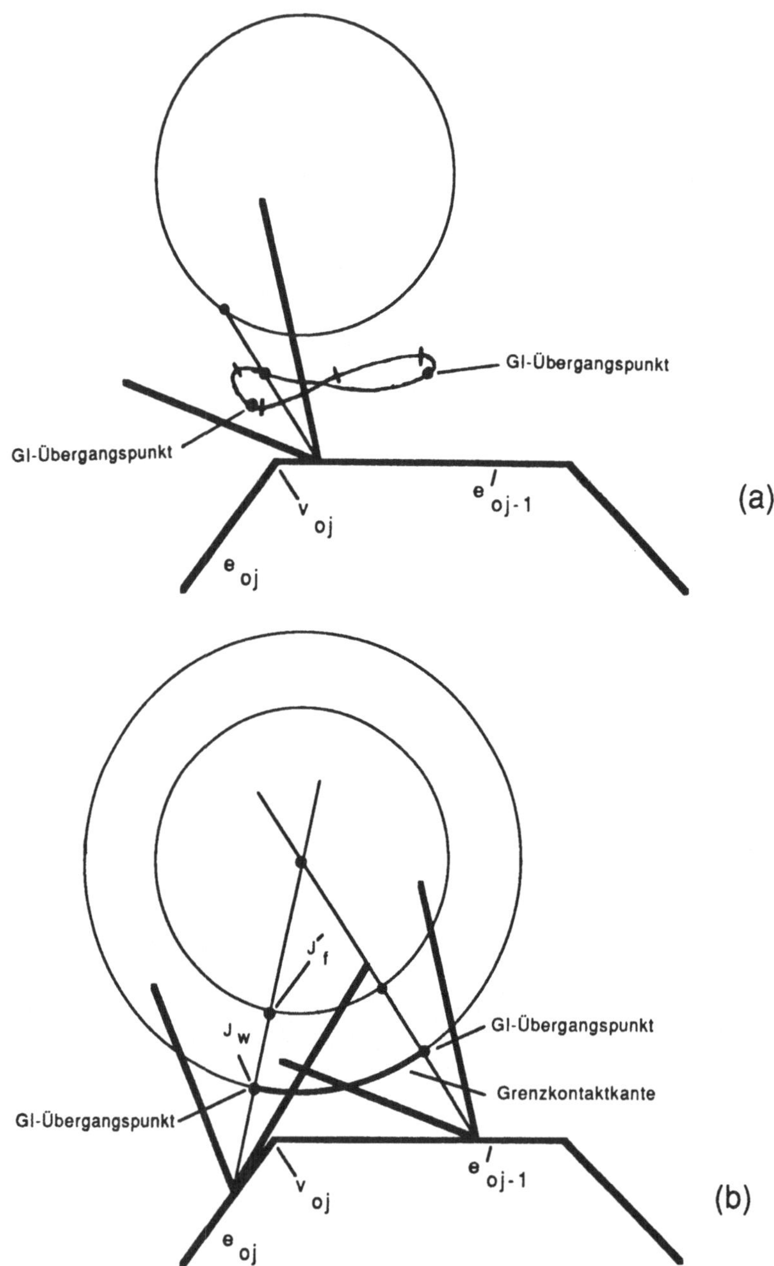

Abb. 5.3.2 : Beispiel einer Folge von Innenkontaktkanten (Abb. (a)) und einer Grenzkontaktkante (Abb. (b))

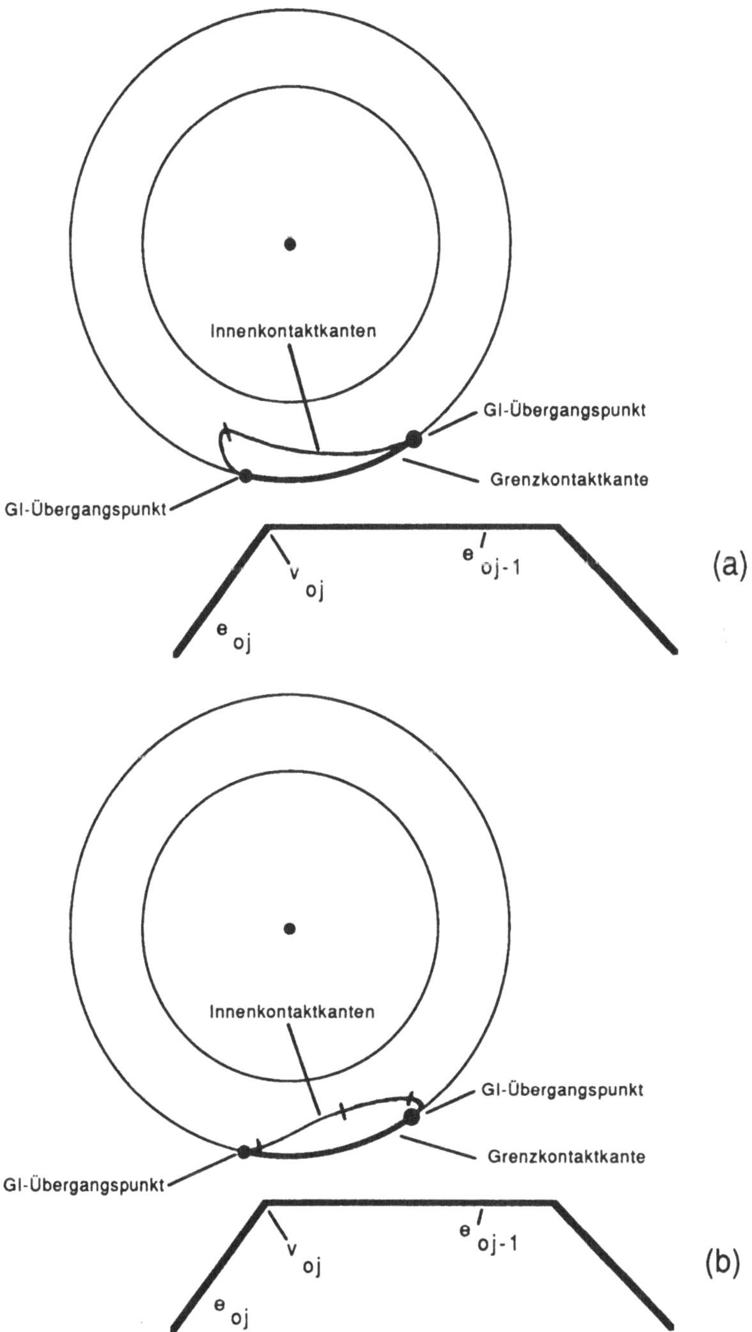

Abb. 5.3.3 : Nach Auftrennen der Kette von Innenkontaktkanten an den GI-Übergangspunkten und Zusammenfügen mit der duplizierten Grenzkontaktkante ergeben sich die Hindernisflächen für die kinematischen Zustände (a) (siehe Abb. (a)) und (b) (siehe Abb. (b))

Zur Abbildung in das zweidimensionale Zellengitter gehen wir schrittweise für jeden Kreisbogen in einer Liste vor:

Algorithmus 5.3.1

WHILE M_1 nicht_leer DO   {M_1 sei die Menge der Listen}
 BEGIN
 Entnehme ein Element e aus M_1 und verringere M_1 um e;
 WHILE M_2 nicht_leer DO   {M_2 sei die Menge der Kreisbögen von e}
  BEGIN
  Entnehme einen Kreisbogen b_i aus M_2 und verringere M_2 um b_i;
  SUBDIVIDE(b_i);
  Hänge die neu erzeugte Metazellenliste an die vorhandene Metazellenliste an;
  END
 END;

Die Prozedur SUBDIVIDE erzeugt für jedes b_i eine Liste von Metazellen. Jede dieser Metazellen zeigt dabei auf eine Zelle im zweidimensionalen Gitter (siehe Abb. 5.3.4). Diese Metazellen werden von SUBDIVIDE für aufeinanderfolgende einzelne Punkte auf der Kante angelegt.

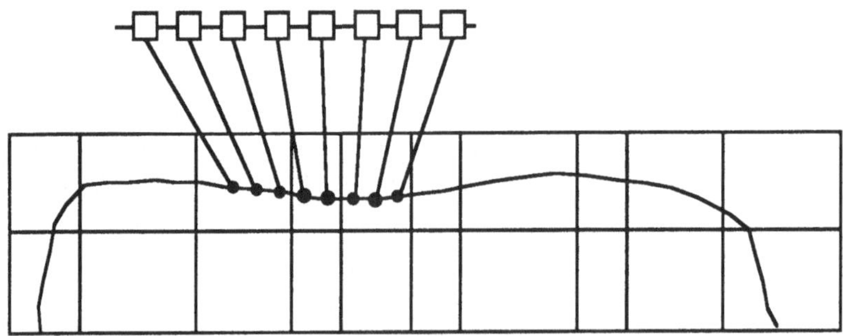

Abb. 5.3.4 : Menge von Zellen, die von einer Hinderniskante geschnitten werden. Die Zellen werden durch Metazellen miteinander verkettet. Für jeden abgebildeten Punkt auf der Hinderniskante existiert eine Metazelle

Daher können mehrere Metazellen auf dieselbe Zelle zeigen. Die Metazellenlisten zweier aneinander angrenzender b_i werden in Algorithmus 5.3.1 miteinander verbunden. Die Zellenliste, die von einer Metazellenliste repräsentiert wird, wird so angelegt, daß zwei aufeinanderfolgende Zellen immer eine Kante gemeinsam haben. Falls die Zellen zweier benachbarter Metazellen verschieden sind, müssen sie also eine gemeinsame Kante haben und nicht etwa nur durch einen Eckpunkt verbunden sein. SUBDIVIDE berechnet zunächst aus den beiden Endpunkten eines b_i die zugehörigen Positionen von J_w und die Zellen, in denen diese Punkte liegen. Falls die Abbruchbedingungen nicht erfüllt sind, wird der Kreisbogen halbiert und SUBDIVIDE wird rekursiv für die entstehenden Hälften aufgerufen:

Algorithmus 5.3.2

PROCEDURE SUBDIVIDE (b_i); {b_i sei ein Kreisbogen mit den Endpunkten p_1 und p_2}
BEGIN
markiere (p_1,z_1); {z_i sei die Zelle, in der J_w liegt, wenn $J_f{}'$ am Ort p_i ist}
markiere (p_2,z_2);
IF (manhattan_distance $(z_1,z_2) > 1$ OR NOT containes$(z_1,z_2,J_w\text{-box}(p_1,p_2))$) THEN
  BEGIN
  SUBDIVIDE $(\Omega(p_1),(\Omega(p_1)+\Omega(p_2))/2)$;
  SUBDIVIDE $((\Omega(p_1)+\Omega(p_2))/2,\Omega(p_2))$;
  END;
IF manhattan_distance $(z_1,z_2) = 1$ THEN verkette die Metazellen von z_1 und z_2;
END;

Die Prozedur markiere berechnet für eine Position p von J'_f die zugehörige Position $f'(f^{-1}(p))$ von J_w bzw. $g'(g^{-1}(p))$ und berechnet die zweidimensionalen Zellen z_i, in denen diese Punkte liegen. Die Bedingung, ob die zwei markierten Zellen einer Rekursionsstufe eine gemeinsame Kante haben, wird über die *Manhattan-Distanz* dieser Zellen festgestellt. Dieses Distanzmaß (auch manchmal *City Block Distance* oder *4-Neighbor Distance* genannt, siehe z.B. [Borgefors 84]) besteht aus der Summe der Zellenlängen entlang der beiden Koordinatenachsen. Sind $(i_{x1},i_{y1})^T$ und $(i_{x2},i_{y2})^T$ die Indices der beiden Zellen, dann ist die Manhattan Distanz zwischen den beiden Zellen gleich md $= |i_{x2} - i_{x1}| + |i_{y2} - i_{y1}|$. Ist md $= \emptyset$ bzw. md $= 1$, dann sind die beiden Zellen gleich bzw. sie sind so benachbart, daß sie mit einer Kante aneinander grenzen (siehe Abb. 5.3.5). Ist md > 1, so wird die Rekursion fortgesetzt.

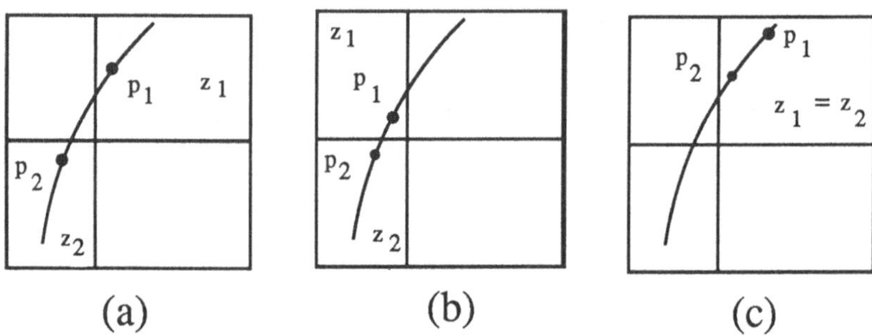

(a)   (b)   (c)

Abb. 5.3.5 : Beispiele zur Steuerung der Rekursion von SUBDIVIDE durch die Manhattan Distanz (md); in Abb. (a) ist $md(z_1,z_2)=2$, die Rekursion wird daher fortgesetzt. Nur wenn z_1 und z_2 eine gemeinsame Kante haben (Abb. (b)) oder gleich sind (Abb. (c)), ist die Bedingung erfüllt

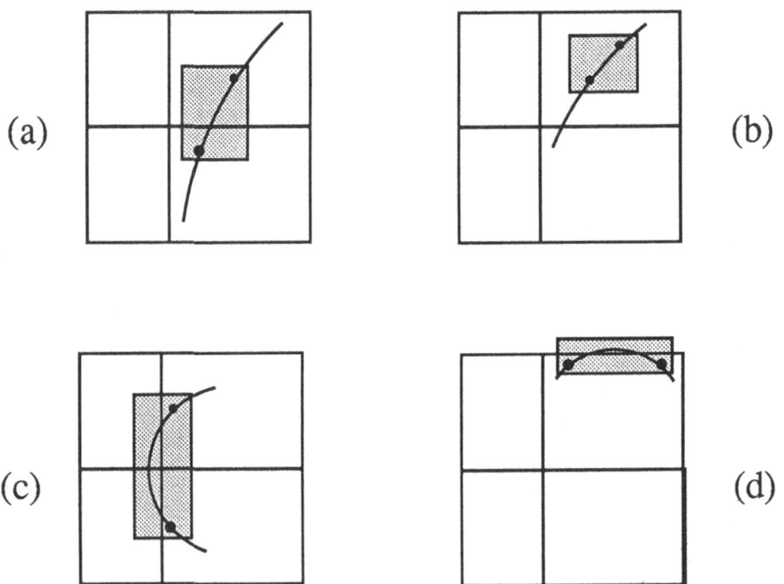

Abb. 5.3.6 : Beispiele zur Steuerung der Rekursion von SUBDIVIDE durch die J_w-box (grau unterlegt); in Abb. (a) und (b) ist die J_w-box in den beiden Zellen bzw. in der Zelle enthalten, die Kurve kann also die Zellen nicht verlassen und die Rekursion bricht ab. In Abb. (c) und (d) dagegen schneidet die J_w-box die Zelle(n). Es besteht die Möglichkeit, daß die Kurve auch andere Zellen schneidet, die Rekursion wird daher fortgesetzt

Die zweite Abbruchbedingung der Rekursion ist, daß das Prädikat **containes** erfüllt sein muß. **containes** prüft, ob z_1 und z_2 ein Rechteck enthalten (die sog. J_w-box), das das durch z_1 und z_2 führende Innenkontaktkurvenstück approximiert. Diese J_w-box stellt also eine Approximation der Kurve dar, die J_w durchläuft, während J_f' sich auf der Kreisbahn zwischen p_1 und p_2 bewegt und dabei der entsprechende Innenkontakt aufrecht erhalten wird. Abb. 5.3.6 zeigt einige Beispiele einer J_w-box. Diese J_w-box kann aus p_1 und p_2 berechnet werden. Im folgenden untersuchen wir die dafür relevanten geometrischen Zusammenhänge.

Ist J_f' an einem Punkt p_1 und J_w an einem Punkt p_1' und es besteht (zum Beispiel) irgendein f-Kontakt, dann ist der Zusammenhang zwischen beiden Punkten über $p_1' = f'(f^{-1}(p_1))$ gegeben. Uns interessiert aber der Verlauf der Innenkontaktkurve zwischen zwei Punkten $p_1' = f'(f^{-1}(p_1))$ und $p_2' = f'(f^{-1}(p_2))$. Dieses Kurvenstück wollen wir durch das Rechteck der J_w-box umhüllen.

Betrachten wir zunächst die Umkehrfunktionen f^{-1} und g^{-1}. Diese Funktionen bilden einen Punkt im $\mathbf{R}^2$ (d.h. eine Position von J_f') ab auf ein Tupel (l_f, ϕ) bzw. (l_g, ψ) von Kontaktparametern für den betreffenden f- bzw. g-Kontakt. Jedem Parameter ordnen wir eine Komponentenfunktion wie folgt zu:

Def. 5.3.1 Es sei ein Punkt p auf dem Kreis C, auf dem sich J_f' bewegen kann, in Polarkoordinaten $\xi = \Omega(p)$ gegeben. Die Komponentenumkehrfunktionen f^l bzw. f^ϕ und g^l bzw. g^ψ der Funktionen f und g sollen die Funktionen sein, für die gilt

$$f^{-1}_{1/2ij}(\xi) = (f^l_{1/2ij}(\xi), f^\phi_{1/2ij}(\xi))$$

$$g^{-1}_{1/2ij}(\xi) = (g^l_{1/2ij}(\xi), g^\psi_{1/2ij}(\xi))$$

(Anm.: Die Indizierung 1/2 soll bedeuten : 1 oder 2)□

Wir zeigen nun im folgenden, daß jede der Komponentenumkehrfunktionen im Intervall $[0, 2\pi]$ als einzige Extrema jeweils ein globales Maximum und ein globales Minimum besitzt:

Satz 5.3.1 Die Funktionen $f^\phi_{1/2ij}$ besitzen im Intervall $[0, 2\pi]$ als einzige Extrema genau ein globales Minimum und genau ein globales Maximum.

Beweis :

Wir nehmen ein Koordinatensystem (v,w) mit Ursprung in v_{oj+1} an, das gegenüber (t,u) um einen Winkel δ gedreht ist, so daß die Achse v in e_{oj} liegt. Abb. 5.3.7 zeigt diese Zusammenhänge für f^ϕ_{1ij} (das Gleiche gilt aber auch für f^ϕ_{2ij}). Dann ist $f^\phi_{1ij}(\xi) = \phi = \mathrm{asin}(w_{Jw}/l_{f3})$, also streng monoton wachsend. w_{Jw} ist maximal nur für $\xi' = \pi/2$ und minimal nur für $\xi' = 3\pi/2$. Da $\xi = \xi' + \delta$, wird das einzige Maximum von f^ϕ_{1ij} bei $\xi = \pi/2(+)\delta$ und das einzige Minimum bei $\xi = 3\pi/2(+)\delta$ angenommen □

Satz 5.3.2 Die Funktionen $f^l_{1/2ij}$ besitzen im Intervall $[0,2\pi]$ als einzige Extrema genau ein globales Minimum und genau ein globales Maximum.

Beweis :

Wir nehmen wie in Satz 5.3.1 ein Koordinatensystem (v,w) mit Ursprung in v_{oj+1} an. $l_f = f^l_{1ij}(\xi)$ ist dann gleich der v-Koordinate von J_w. Diese Situation ist für f^l_{1ij} in Abb. 5.3.8 dargestellt (das Gleiche gilt aber auch für f^l_{2ij}). l_f ist nur dann minimal, wenn der Arm ganz ausgestreckt ist (d.h. $\Theta_3 = \pi$) und nur dann maximal, wenn der Unterarm ganz eingezogen ist (d.h. $\Theta_3 = 0$). Diese Situation kommt nur jeweils einmal vor $\square$

Satz 5.3.3 Die Funktionen $g^{\psi}_{1/2ij}$ besitzen im Intervall $[0,2\pi]$ als einzige Extrema genau ein globales Minimum und genau ein globales Maximum.

Beweis :

Liegt $J_f{}'$ auf dem Kreis C, während e_{ui} mit v_{oj} in Kontakt ist (siehe Abb. 5.3.9), dann liegt eine Gerade g parallel zu e_{ui} im Abstand m_{fi} tangential an den Kreis C' um v_{oj} mit Radius m_{fi}. ψ wird daher nur dann maximal bzw. minimal, wenn g zusätzlich C tangiert. Diese beiden Konfigurationen sind in Abb. 5.3.9 für einen g_{1ij}-Kontakt dargestellt $\square$

Satz 5.3.4 Die Funktionen $g^l_{1/2ij}$ besitzen im Intervall $[0,2\pi]$ als einzige Extrema genau ein globales Minimum und genau ein globales Maximum.

Beweis :

$g^l_{1/2ij}(\xi) = l^{\psi}$ wird genau dann maximal, wenn der Abstand c von v_{oj} zum Kreis C minimal wird und umgekehrt nur dann minimal, wenn der Abstand c maximal wird (siehe Abb. 5.3.10). Es gilt nämlich für einen g_{1ij}-Kontakt (analog für g_{2ij}):

$$l^{\psi} = |\,se_{fi,i}\,| - a = |\,se_{fi,i}\,| - (c^2 - b^2)^{1/2}$$

Diese Situation kommt nur für jeweils ein ξ vor $\square$

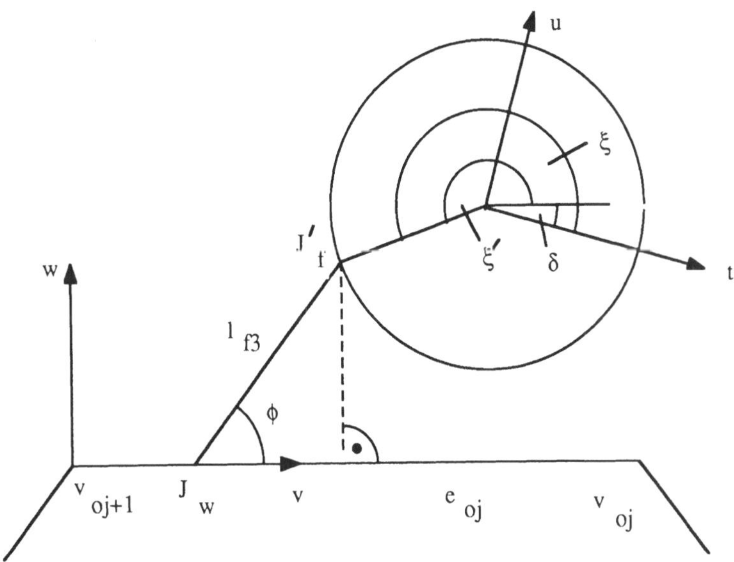

Abb. 5.3.7 : Ist $\xi = \pi/2$ bzw. $\xi = 3\pi/2$, dann nimmt ϕ sein Maximum bzw. Minimum an

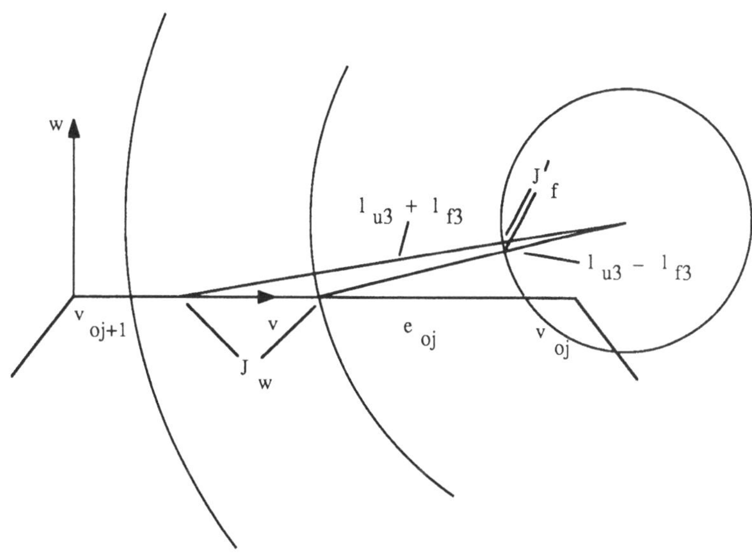

Abb. 5.3.8 : $l_f = v_{Jw}$ ist minimal, wenn der Arm ganz ausgestreckt ist (linke Stellung) und maximal, wenn der Unterarm ganz eingezogen ist (rechte Stellung)

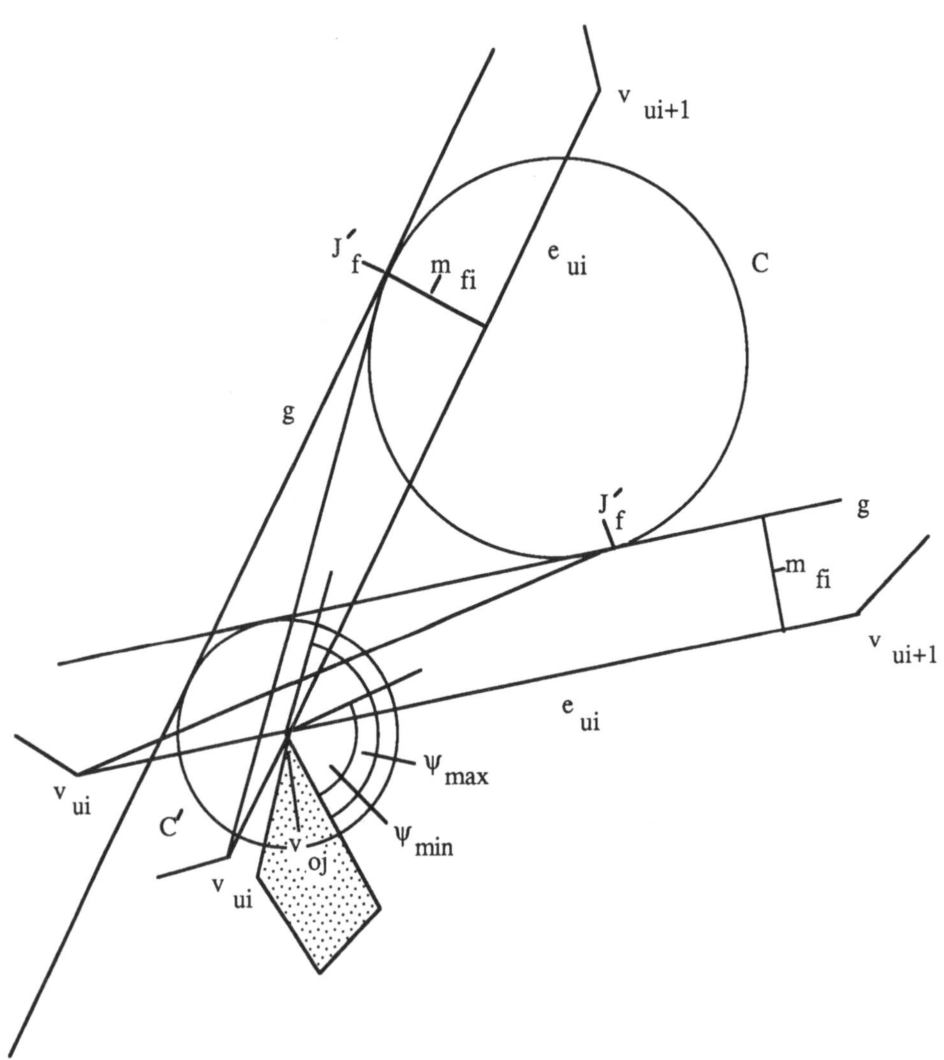

Abb. 5.3.9 : ψ wird maximal bzw. minimal, wenn g sowohl C´ als auch C tangiert

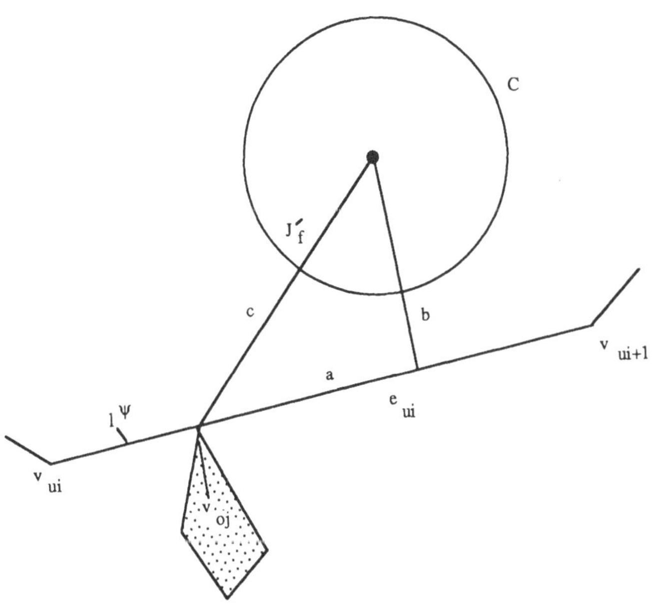

Abb. 5.3.10 : l^ψ wird genau dann maximal, wenn c minimal wird und umgekehrt

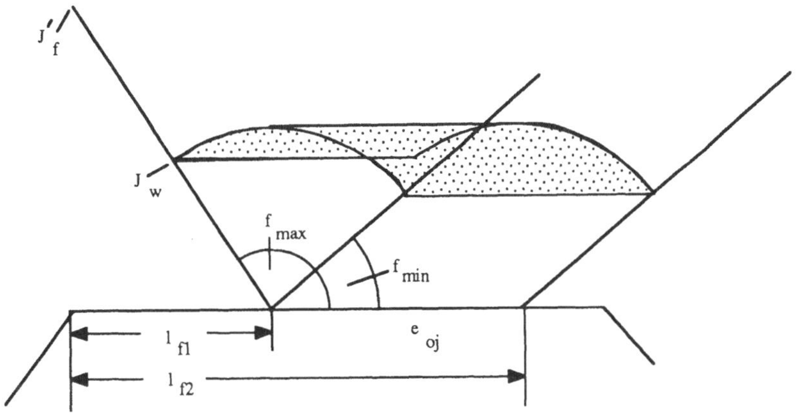

Abb. 5.3.11 : Geometrische Interpretation von $f_{ij}{}'([l^f_1, l^f_2] \times [\phi_1, \phi_2])$

Nachdem wir nun die einzigen Minima und Maxima der Komponentenumkehrfunktionen kennen, können wir berechnen, welche Werte diese Funktionen für irgendein Intervall $[\xi_1,\xi_2]$ annehmen können. Es gilt z.B. für f^l_{1ij} :

die Untergrenze des Werteintervalls wird von $\min(\ f^l_{1ij}(\xi_1),\ f^l_{1ij}(\xi_2))$ bestimmt, falls $\xi^l_{min} \notin [\xi_1,\xi_2]$, ansonsten ist die Untergrenze gleich $f^l_{1ij}(\xi^l_{min})$.

die Obergrenze des Werteintervalls wird von $\max(\ f^l_{1ij}(\xi_1),\ f^l_{1ij}(\xi_2))$ bestimmt, falls $\xi^l_{max} \notin [\xi_1,\xi_2]$, ansonsten ist die Obergrenze gleich $f^l_{1ij}(\xi^l_{max})$.

Wenn wir in unserem Beispiel für ein Intervall $[\xi_1,\xi_2]$ die Wertebereiche der Komponentenumkehrfunktionen für dieses Intervall bestimmt haben, dann können wir aus deren kartesischen Produkt auch den Wertebereich von $f_{ij}{}' \circ f_{ij}^{-1}$ berechnen. Seien also $[l_1^f,l_2^f]$ und $[\phi_1,\phi_2]$ diese Werteintervalle für das Intervall $[\xi_1,\xi_2]$, dann nimmt $f_{ij}{}' \circ f_{ij}^{-1}$ nur Werte aus $f_{ij}{}'([l_1^f,l_2^f] \times [\phi_1,\phi_2])$ an.

Was bedeutet $f_{ij}{}'([l_1^f,l_2^f] \times [\phi_1,\phi_2])$ geometrisch? Für ein festes $l^f \in [l_1^f,l_2^f]$ und sich ändernde Werte $\phi \in [\phi_1,\phi_2]$ beschreibt J_w einen Kreisbogen (siehe Abb. 5.3.11). Für andere Werte aus $[l_1^f,l_2^f]$ wird dieser Kreisbogen parallel zu e_{oj} verschoben. Approximieren wir die dabei überstrichene Fläche durch ein umhüllendes Rechteck, dann erhalten wir die J_w-box (siehe Abb. 5.3.12).

Im nächsten Schritt werden die Grenzkontaktkanten in das Zellengitter abgebildet. Die kreisbogenförmigen Grenzkontaktkanten werden mit den Geraden des zweidimensionalen Gitters geschnitten und dadurch sind die von den Grenzkontaktkanten geschnittenen Zellen bestimmt. Auch für diese Zellenlisten benötigen wir eine Metazellenliste, und zwar in doppelter Ausfertigung, da jede Grenzkontaktkante mit zwei Innenkontaktkanten verbunden werden muß.

Nachdem nun die Kanten der beiden Typen vorliegen, werden die Metazellenlisten der Grenzkontaktkanten und die Metazellenlisten der Innenkontaktkanten an den GI-Übergangspunkten zusammengefügt. Dadurch erhalten wir Metazellenzyklen, deren Zellen die gesuchten Flächen umranden. Wir müssen nun noch die Innenseite dieses Randes bestimmen. Hierzu wählen wir willkürlich eine Umlaufrichtung in dem Metazellenzyklus. p_i und p_{i+1} seien zwei in der Umlaufrichtung aufeinander folgende Punkte auf der Innenkontaktkante. Ein Vektor v_U tangential zur Kante in Richtung des Umlaufsinns ergibt sich dann näherungsweise zu $\vec{p}_{i+1} - \vec{p}_i$ und dessen Orientierung zu $\Omega(v_U)$ (siehe Abb. 5.3.13). Die Orientierung eines Vektor v_1 senkrecht dazu ins Innere der Hindernisfläche ergibt sich zu

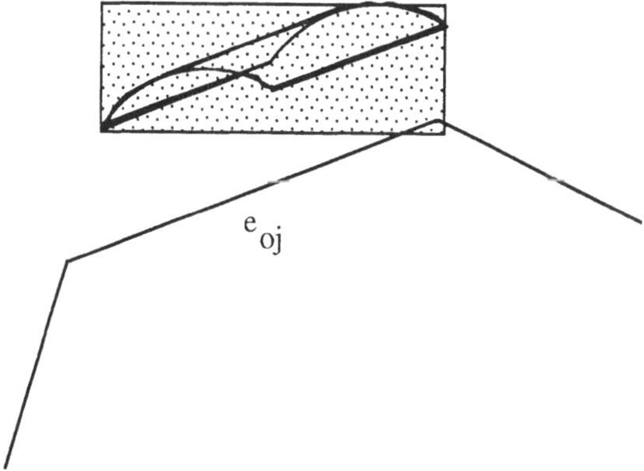

Abb. 5.3.12 : Approximation von $f_{ij}'([l^f_1, l^f_2] \times [\phi_1, \phi_2])$ durch ein umhüllendes Rechteck (die J_w-box);

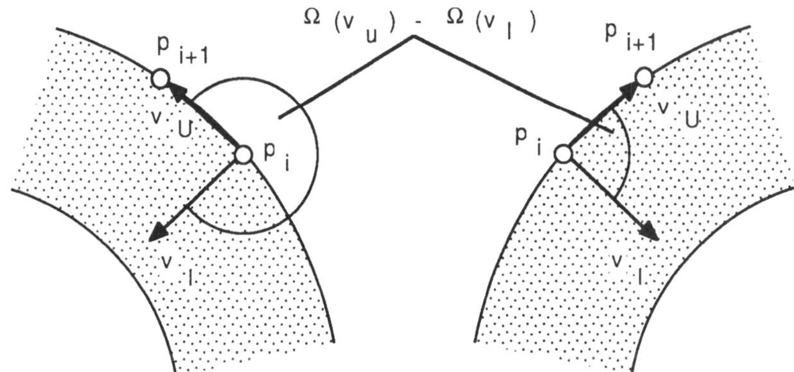

Abb. 5.3.13 : Die zwei möglichen Umlaufrichtungen in Richtung von v_u und die sich ergebenden Vektoren ins Innere der Hindernisfläche. In der linken Abb. liegt die Fläche links der Umlaufrichtung, in der rechten Abb. rechts der Umlaufrichtung

$$\Omega(v_l) := \begin{cases} \Omega(\vec{p_i}-\vec{p_i}\,')(+)\pi/2 & f\ddot{u}r\ Hindernisfl\ddot{a}chen\ vom\ Typ\ B_{f1}\ und\ B_{g1} \\ \Omega(\vec{p_i}-\vec{p_i}\,')(-)\pi/2 & f\ddot{u}r\ Hindernisfl\ddot{a}chen\ vom\ Typ\ B_{f2}\ und\ B_{g2} \end{cases}$$

$\vec{p_i}\,'$ bezeichne dabei die Position von $J_f{}'$, wenn J_w in $\vec{p_i}$ liegt (siehe Abb. 5.3.14). Die Hindernisfläche liegt dann

links relativ zur Umlaufrichtung, falls $\pi \leq \Omega(v_u)(-)\Omega(v_i) < 2\pi$

bzw.

rechts relativ zur Umlaufrichtung, falls $\emptyset \leq \Omega(v_u)(-)\Omega(v_i) < \pi$.

Wir können nun die Menge M_i der an die Innenseite unserer Zellenliste angrenzenden Zellen und die Menge M_a der an die Außenseite angrenzenden Zellen berechnen (siehe Abb. 5.3.15). Wir bereinigen die Menge M_i um diejenigen Zellen, die auch in M_a enthalten sind und erhalten die Menge M_s als

$$M_s := M_i \setminus M_a .$$

Wir verwenden die Zellen M_s als Startzellen für den Algorithmus FILL, der nun das Innere unserer Fläche ausfüllt:

Algorithmus 5.3.3

```
FILL(i,j : INTEGER; m : markierung); { i und j seien die Zellenindices }
BEGIN
markiere z_ij mit m;
IF z_{i+1j} nicht mit m markiert THEN FILL(i+1,j,m);
IF z_{i-1j} nicht mit m markiert THEN FILL(i-1,j,m);
IF z_{ij+1} nicht mit m markiert THEN FILL(i,j+1,m);
IF z_{ij-1} nicht mit m markiert THEN FILL(i,j-1,m);
END;
```

FILL wird so lange rekursiv aufgerufen, bis alle horizontalen und vertikalen Nachbarn der betreffenden Zelle markiert sind. Nun ist auch klar, warum M_i bereinigt werden mußte: diese Maßnahme ist nötig, um zu verhindern, daß FILL über den Rand der Fläche hinausläuft und dann die gesamte Zellenstruktur ausfüllt.

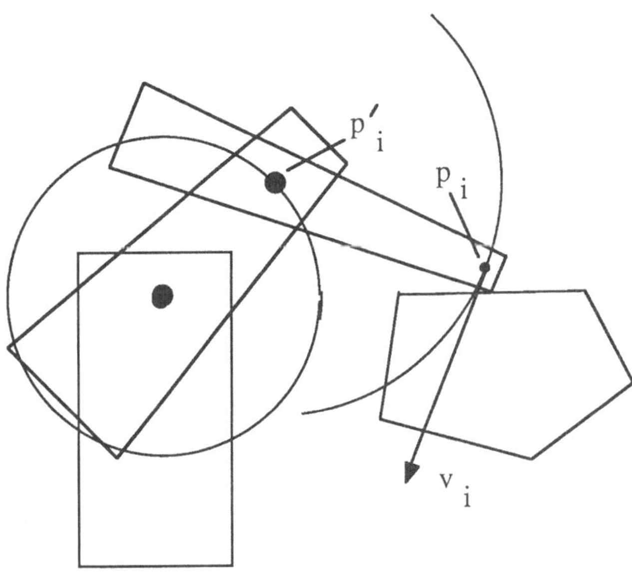

Abb. 5.3.14 : Bestimmung eines Vektors v_i, der ins Innere der Hindernisfläche hineinzeigt, hier am Beispiel eines v_{fi}/e_{oj}-Kontakts

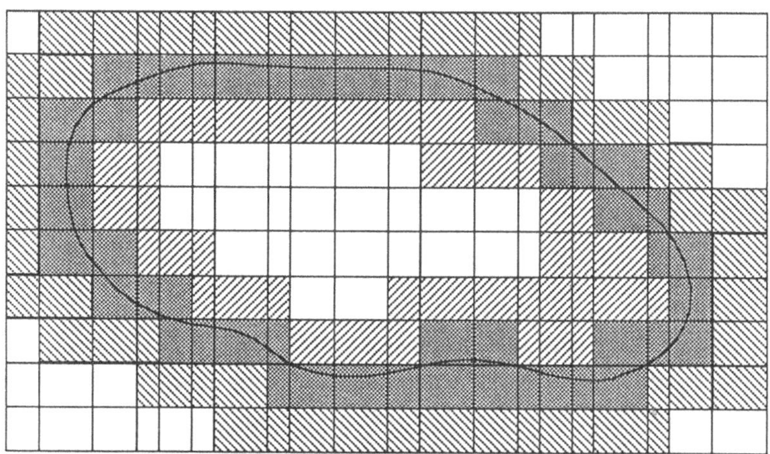

Abb. 5.3.15 : Innerer und äußerer Rand (schraffiert) des Randes einer Hindernisfläche

6. Wegsuche im siebendimensionalen Konfigurationsraum

Im ersten Schritt des Verfahrens wurde der Arbeitsraum (bezüglich des Referenzpunkts) des Roboterarms in den vierdimensionalen Konfigurationsraum abgebildet. Dann wurden die realen Hindernisse im Arbeitsraum in den Konfigurationsraum abgebildet. Aus den realen Hindernissen wurden die korrespondierenden Konfigurationsraumhindernisse berechnet und im Konfigurationsraum eingetragen.

Eine sichere Bahn für den Roboterarm (ohne Greifer) kann nun durch eine Bahn des Referenzpunkts außerhalb der Konfigurationsraumhindernisse dargestellt werden (siehe Abb. 6.1). Um zusätzlich Greifer und gegriffenes Objekt mit einzubeziehen, wird der folgende Weg eingeschlagen : aus der Menge der möglichen Handorientierungen wird eine endliche Menge ausgewählt. Für jede dieser Orientierungen wird das Volumen des Greifers und des gegriffenen Objekts durch eine Menge von Kuben des Konfigurationsraums (die sog. *Raumbelegung*) approximiert. Eine Gesamtkonfiguration für Roboterarm, Greifer und Objekt ist dann sicher, wenn der Referenzpunkt in einem sicheren Kubus liegt (d.h. außerhalb der Konfigurationsraumhindernisse) und die Kuben der Raumbelegung des Greifers sich nicht mit Kuben von realen Hindernissen überdecken. Wir betrachten die Menge dieser Konfigurationen nun als Knoten in einem Zustandsraumgraphen. Die Kanten werden von den beiden folgenden Elementarbewegungen gebildet :

1. Translationen von Mittelpunkt zu Mittelpunkt zweier benachbarter Kuben, wobei die Greiferorientierung gleich bleibt (siehe Abb. 1.3.6).
2. Rotationen zwischen zwei benachbarten diskreten Handorientierungen, wobei der Referenzpunkt am gleichen Ort bleibt (siehe Abb. 1.3.7).

In diesem Graphen kann nun mit einem heuristischen Suchverfahren ein Weg von einem Start- zu einem Zielknoten gesucht werden. Der gefundene Weg entspricht dann einer Folge von elementaren Translationen und Rotationen.

Wir zeigen zunächst in Kap. 6.1 die Berechnung der Raumbelegung und führen die notwendigen Koordinatensysteme und Koordinatentransformationen ein. Im folgenden Kapitel wird das verwendete heuristische Suchverfahren vorgestellt. Kap. 6.3 beschäftigt sich mit der kinematischen Untersuchung, ob eine Gesamtkonfiguration aller sechs Gelenkwinkel realisierbar ist unter Berücksichtigung der Gelenkwinkelendanschäge. In Kap. 6.4 wird die bei der heuristischen Suche verwendete Technik des Wechselns zwischen kinematischen Zuständen vorgestellt.

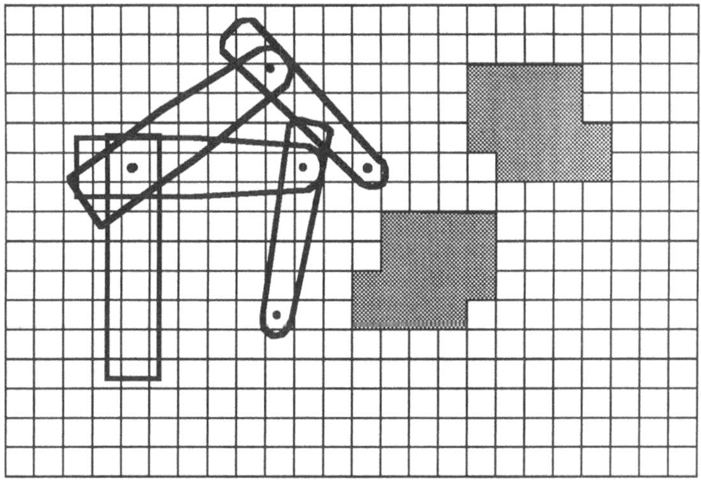

Abb. 6.1 : Eine sichere Konfiguration des Arms allein besteht, wenn der Referenzpunkt im Mittelpunkt eines Kubus liegt, der außerhalb der Konfigurationsraumhindernisse (grau unterlegt) fur den betreffenden kinematischen Zustand Z liegt

6.1 Berechnung der Raumbelegung

Die Hand und mit der Hand verbundene Objekte (z.B. gegriffene Teile) seien gegeben als eine Liste von Polyedern P_1, ... , P_n. Jedes dieser Polyeder liege bezüglich des Koordinatensystems E in boundary representation form (siehe auch Kap. 2.1) vor. Mit B bezeichnen wir das Basiskoordinatensystem und mit E das Effektorkoordinatensystem, das sich aus dem Basiskoordinatensystem durch Rotation um $^B z$ von $\pi/2$ und anschließende Rotation des neu entstehenden Koordinatensystems um die y-Achse von $\pi/2$ ergibt [1], d.h. das *Frame* E ergibt sich in der Schreibweise der *homogenen Koordinaten* (siehe auch [Paul 81] und Abb. 6.1.1) zu

$$E = rot(z, \pi/2)\, rot(y, \pi/2) = \begin{bmatrix} 0 & -1 & 0 & 0 \\ 0 & 0 & 1 & 0 \\ -1 & 0 & 0 & 0 \\ 0 & 0 & 0 & 1 \end{bmatrix}.$$

Eine Orientierung der Hand können wir nun darstellen durch ein Koordinatensystem E´ bezüglich E. Als Darstellungsform für E´ verwenden wir einen Satz von Eulerwinkeln [2] (ϕ_1, ϕ_2, ϕ_3), so daß sich ergibt E´ $= rot(z, \phi_1)\, rot(y, \phi_2)\, rot(z, \phi_3)$, d.h.

$$E´ = \begin{bmatrix} c_1 c_2 c_3 - s_1 s_3 & -c_1 c_2 s_3 - s_1 c_3 & c_1 s_2 & 0 \\ s_1 c_2 c_3 + c_1 s_3 & -s_1 c_2 s_3 + c_1 c_3 & s_1 s_2 & 0 \\ -s_2 c_3 & s_2 s_3 & c_2 & 0 \\ 0 & 0 & 0 & 1 \end{bmatrix}.$$

Zur vereinfachten Schreibweise verwenden wir die Abkürzungen $c_i = \cos \phi_i$ und $s_i = \sin \phi_i$. Durch die Darstellungsform der Eulerwinkel können wir bequem den Orientierungsbereich

---

1 Entsprechend der Konvention von [Paul 81] bezeichnen wir wir mit dem vorangestellten hochgestellten Bezeichner das Koordinatensystem, bezüglich dessen die Angabe erfolgt. So ist z.B. der Vektor $^A \vec{x}$ und $^B \vec{x}$ in beiden Fällen numerisch gleich, bezeichnet aber für A $\neq$ B unterschiedliche Orte bezüglich des Basiskoordinatensystems, auf das sich A und B beziehen.

2 Eulerwinkel (siehe z.B. [Paul 81]) bezeichnen eine Folge von drei Rotationen, die sich interpretieren lassen als eine Rotation ϕ_1 um die z-Achse, eine Rotation ϕ_2 um die neue y-Achse und eine Rotation ϕ_3 um die neue z-Achse. Man kann diese Folge auch umgekehrt interpretieren als eine Rotationsfolge ϕ_3 um $^B z$, ϕ_2 um $^B y$ und ϕ_1 um $^B z$.

der Hand aufteilen in eine Menge diskreter Orientierungen. Wir wählen für jeden Eulerwinkel ϕ_i ein festes Winkelinkrement $\overline{\phi}_i$ und stellen die Eulerwinkel als Vielfache r_i dieser Inkremente dar, d.h.

$$(\phi_1, \phi_2, \phi_3) = (r_1\overline{\phi}_1, r_2\overline{\phi}_2, r_3\overline{\phi}_3), \quad wobei \ (-r_{imax} \leq r_i \leq r_{imax} \ , \ r_i \in N).$$

Wir benötigen außerdem eine Translation T_{ijk} zum Mittelpunkt des Kubus mit den Koordinaten (i,j,k), die wir als

$$T_{ijk} = trans(x, l_c/2+il_c)trans(y, l_c/2+jl_c)trans(z, l_c/2+kl_c) = \begin{bmatrix} 1 & \emptyset & \emptyset & l_c/2+il_c \\ \emptyset & 1 & \emptyset & l_c/2+jl_c \\ \emptyset & \emptyset & 1 & l_c/2+kl_c \\ \emptyset & \emptyset & \emptyset & 1 \end{bmatrix}$$

definieren. Der Operator *trans* bezeichne eine Translationsmatrix zur Translation entlang der angegebenen Achse (erstes Argument) um den angegebenen Betrag (zweites Argument). l_c ist die Kantenlänge eines Kubus (vergl. Kap. 3.1). Unter der Raumbelegung verstehen wir nun die belegten Kuben des Kubusraums der mit $T_{\emptyset\emptyset\emptyset}EE'$ transformierten Hand.

Bei der Wegsuche beschränken wir den Referenzpunkt des Arms auf die Mittelpunkte der Kuben und deren (orthogonale) Verbindungslinien. Wir können daher eine Konfiguration des Arms darstellen durch ein Tupel (c_{ijk}, Z), wobei der Referenzpunkt im Mittelpunkt von Kubus c_{ijk} liege und der Arm im kinematischen Zustand Z sei. Beziehen wir zusätzlich eine Konfiguration (ϕ_1, ϕ_2, ϕ_3) der Hand mit ein, so ergibt sich eine Gesamtkonfiguration von Arm und Hand zu $(c_{ijk}, \phi_1, \phi_2, \phi_3, Z)$. Eine solche Konfiguration ist kollisionsfrei, falls c_{ijk} nicht zu einem Konfigurationsraumhindernis für den Zustand Z gehört und die an den Ort des Mittelpunkts von c_{ijk} transformierte Raumbelegung der Hand für diese Orientierung verschieden ist von allen (realen) Objektkuben. Haben wir für die einzelnen diskreten Orientierungen die Raumbelegungen bezüglich $T_{\emptyset\emptyset\emptyset}EE'$ im voraus berechnet, dann brauchen wir diese Kuben der Raumbelegungen nur noch mit der Transformation T_{ijk} zu transformieren. Ist z.B. c_{abc} ein solcher zu transformierender Kubus, dann ergibt sich der entsprechende Kubus bezüglich $T_{ijk}EE'$ einfach zu $c_{a+i\ b+j\ c+k}$.

Die Handpolyeder P_i seien nun also gegeben in Koordinaten bezüglich E. Wir transformieren dann die P_i mittels $T_{\emptyset\emptyset\emptyset}EE'$ für jede Handorientierung E' und erhalten eine Darstellung der P_i in Basiskoordinaten. Diese transformierten P_i können wir genau wie die realen Hindernisse mit Algorithmus 3.2.1 in den Kubusraum abbilden und erhalten als Ergebnis eine Liste der geschnittenen Kuben.

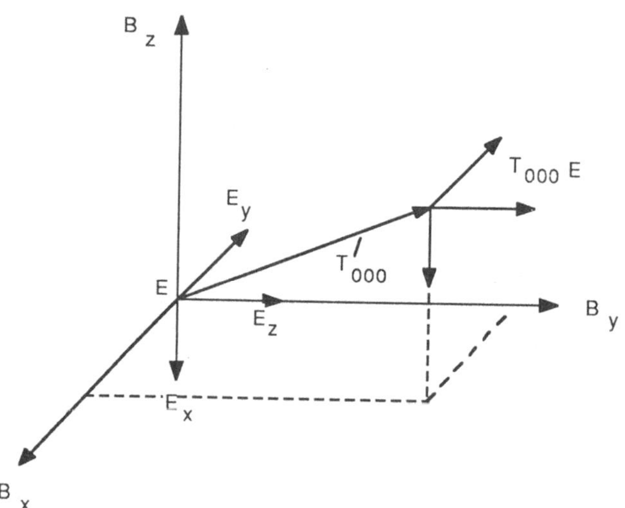

Abb. 6.1.1 : Das Effektorkoordinatensystem E entsteht durch Rotation des Basiskoordinatensystems von $\pi/2$ um die z-Achse und anschließende Rotation von $\pi/2$ um die neue y-Achse. Die Translation T_{000} verschiebt E in den Mittelpunkt des Kubus c_{000}

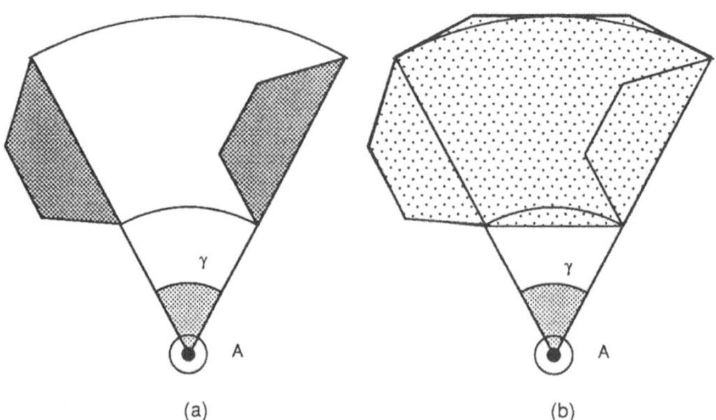

Abb. 6.1.2 : (a) : Draufsicht auf einen Rotationskörper, der durch Rotation eines Handpolyeders um die Achse A und den Winkel γ entsteht. (b) : Die entstehenden gekrümmten Flächen werden stückweise linear approximiert und davon wird die konvexe Hülle berechnet

Außer dieser Raumbelegung für eine Orientierung allein interessiert uns noch die Raumbelegung des Rotationskörpers zwischen zwei benachbarten Orientierungen. Dieser Rotationskörper ist also das Volumen, das die Hand überstreicht, wenn die Hand von einer Orientierung in eine benachbarte Orientierung rotiert. Unter einer benachbarten Orientierung verstehen wir eine Orientierung E'_2, die sich von einer Orientierung E'_1 nur durch ein Winkelinkrement in einem der Eulerwinkel unterscheidet.

Die Rotation R zwischen den beiden Orientierungen ist durch $R = E'_1{}^{-1}E'_2$ gegeben. Wir drücken R aus durch eine Rotation um eine Achse A mit Rotationswinkel γ. Wir bezeichnen

$$R = \begin{bmatrix} n_x & o_x & a_x & \emptyset \\ n_y & o_y & a_y & \emptyset \\ n_z & o_z & a_z & \emptyset \\ \emptyset & \emptyset & \emptyset & 1 \end{bmatrix}$$

Dann ist nach [Paul 81] [1]

$$\gamma = atan \; \frac{\sqrt{(o_z - a_y)^2 + (a_x - n_z)^2 + (n_y - o_x)^2}}{n_x + o_y + a_z - 1}$$

$$x_A = \frac{o_z - a_y}{2\sin\gamma}$$

$$y_A = \frac{a_x - n_z}{2\sin\gamma}$$

$$z_A = \frac{n_y - o_x}{2\sin\gamma}$$

Um bei der Berechnung der Rotationskörper gekrümmte Flächen zu vermeiden, ersetzen wir jede gekrümmte Fläche durch mehrere ebene Flächen. Hierzu ersetzen wir jeden Kreisbogen, der bei der Rotation eines Eckpunkts eines Polyeders um die Achse A entsteht, durch eine Kette von geraden Kanten (siehe Abb. 6.1.2). Anschließend bilden wir für die derart gewonnenen Punkte des Rotationskörpers die konvexe Hülle [2] (siehe Abb. 6.1.2).

---

1 Aus numerischen Gründen empfiehlt sich allerdings für $\gamma > \pi/2$ eine andere Lösung als diese. Siehe hierzu [Paul 81].

2 Wir verwenden einen Algorithmus in Anlehnung an [Preparata 77].

Betrachten wir also die Rotation eines Punktes p um die Achse A. Wir definieren uns ein geeignetes Koordinatensystem F, dessen z-Achse gleich $\vec{A}$ sei, dessen x-Achse durch p gehe, und dessen y-Achse sich entsprechend zu $\vec{z} \times \vec{x}$ ergebe. Der Ursprung liege im Lotpunkt von p auf A.

Bezeichnen wir F wieder mit

$$F = \begin{bmatrix} n_x & o_x & a_x & f_x \\ n_y & o_y & a_y & f_y \\ n_z & o_z & a_z & f_z \\ 0 & 0 & 0 & 1 \end{bmatrix},$$

dann ist $\vec{z} = (x_A, y_A, z_A)^T$, der Ursprung hat die Koordinaten $d\,\vec{A}$, wobei $(d = \vec{A}\,\vec{p}\,.)$ Die x-Achse hat dann die Richtung $\vec{p} - d\,\vec{A}$ und muß noch mit $|\vec{p} - d\,\vec{A}|$ normalisiert werden.

Die z-Achse von F entspricht also der Drehachse und p liegt immer auf der x-Achse von F, so daß sich die Rotation von p in der xy-Ebene von F abspielt. Es ist nun ein Leichtes, zwei weitere Punkte p_1 und p_2 zu definieren, die sich durch Rotation von p um die z-Achse von F um die Winkel $\gamma/2$ und γ ergeben (siehe Abb. 6.1.3). p_2 ist dabei gerade der Endpunkt der Rotation von p. Definieren wir nun Tangenten an den Kreis in den Punkten p, p_1 und p_2, so können wir weitere Punkte p_3 und p_4 berechnen (siehe Abb. 6.1.3). Diese insgesamt 5 Punkte genügen uns zur Approximation des Kreisbogens. Die p_i müssen nun noch mit der Transformation $T_{000}EE_1{}'Fp_i$ ins Basiskoordinatensystem umgerechnet werden. Nachdem dies für jeden Eckpunkt eines Polyeders geschehen ist, wird die konvexe Hülle berechnet und das daraus resultierende Polyeder ebenfalls mit Algorithmus 3.2.1 in den Kubusraum abgebildet.

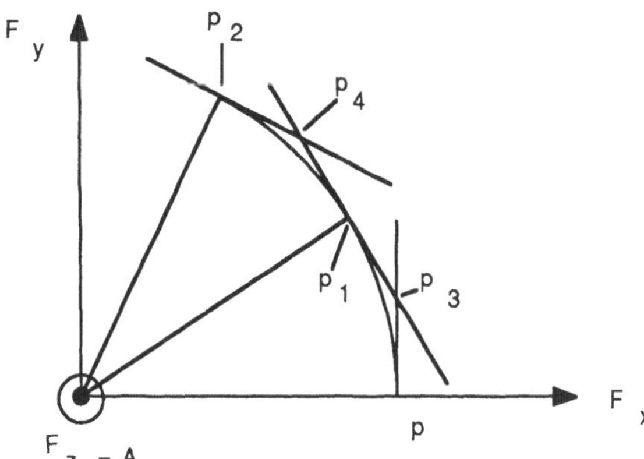

Abb. 6.1.3 : Stückweise lineare Approximation eines Kreisbogens des Rotationskörpers durch die Punkte p, p_1 und p_2 auf dem Kreisbogen und die Schnittpunkte p_3 und p_4 der Tangenten in diesen Punkten.

6.2 Heuristische Suche

Wir können das Suchen eines Weges von einer Startkonfiguration c_s nach einer Zielkonfiguration c_g als ein Suchproblem in einem Graphen auffassen. Die Knoten dieses Graphen werden von sicheren Konfigurationen gebildet und die Kanten stellen elementare Translationen und Rotationen zwischen benachbarten sicheren Konfigurationen dar.

Für Graphensuchprobleme gibt es eine ganze Reihe von Verfahren, unter denen die Verfahren der *heuristischen Suche* besonders gut für diese Problematik geeignet sind. Man spricht von heuristischer Suche, wenn man heuristische Informationen über die Problemdomäne besitzt und in das Suchverfahren einbringen kann. Die heuristische Information in unserem Fall ist das Wissen über die Entfernung zweier Positionen des Armreferenzpunkts im euklidischen Raum und über die "Entfernung" zwischen zwei durch Eulerwinkel gegebenen Handorientierungen. Diese Information ermöglicht eine Bewertung alternativer Wege bei der Suche im Graphen, d.h. es werden näher am Zielknoten liegende Knoten bevorzugt.

Wir verwenden den A^*-Algorithmus in Anlehnung an [Hart 68], dessen Grundprinzip das folgende ist:

Algorithmus 6.2.1

1. Markiere c_s offen und berechne $\hat{f}(c_s)$
2. Wähle den offenen Knoten n, der
   - gleich c_g ist bzw. wenn kein solcher existiert,
   - den mit dem kleinsten $\hat{f}$-Wert
3. Terminiere den Algorithmus
   - erfolgreich, falls $n = c_g$
   - nicht erfolgreich, falls kein offener Knoten vorhanden ist
4. Markiere n geschlossen und berechne alle Knoten, die von n in einer sicheren Elementarbewegung erreichbar sind und die nicht bereits offen oder geschlossen sind. Berechne $\hat{f}$ für diese Nachfolger und markiere sie offen. Weiter bei 2.

$\hat{f}$ ist dabei die sog. heuristische Funktion. $\hat{f}(n)$ gibt eine Schätzung der Länge eines Weges von c_s nach c_g, der durch n geht. Bei der Wegsuche werden also immer die Nachfolgerknoten favorisiert, die die niedrigste Weglänge versprechen. Läuft man dabei in eine Sackgasse oder steigern sich die Längen der momentan verfolgten Wege, so können wieder alte offene Knoten in Betracht gezogen werden.

Setzt man bei der Wegsuche Zeiger von einem Knoten zum Nächsten, dann kann man bei positiver Terminierung den Weg anhand der Zeiger zurückverfolgen. Wir präzisieren nun den Algorithmus etwas:

Algorithmus 6.2.2

```
PROCEDURE SEARCH(c_s,c_g,status);
IF c_s = c_g THEN fertig := TRUE ELSE fertig := FALSE;
markiere c_s NIL;
addiere c_s und f̂(c_s) zur open_list;
WHILE NOT fertig DO
  BEGIN
  IF empty(open_list) THEN
    BEGIN
    fertig := TRUE;
    status := "Kein Weg gefunden";
    END
  ELSE
    BEGIN
    c := next(open_list); {ergibt das erste Element von open_list
                   und entfernt es aus der open_list}
    IF c = c_g THEN
      BEGIN
      fertig := TRUE;
      status := "Weg gefunden";
      END
    ELSE EXPAND(c,c_g,open_list)
    END
  END
END
```

Zur Speicherung der Knoten verwenden wir also die Liste "open_list". Die Prozedur expand berechnet die Nachfolger eines Knotens und deren $\hat{f}$-Wert, markiert sie als "offen" und sortiert sie in die open_list ein:

Algorithmus 6.2.3

PROCEDURE EXPAND(c,c_g,open_list);
BEGIN
berechne die translatorischen, rotatorischen und die Zustandsnachbarn von c, die
    1. nicht open oder closed sind,
    2. die kollisionsfrei sind,
    3. die durch eine kollisionsfreie Bewegung erreichbar sind,
    4. und die kinematisch realisierbar sind;
berechne $\hat{f}$ für diese Knoten und sortiere sie ihrem Wert entsprechend in die open_list ein;
falls einer der Knoten $= c_g$ ist, setze ihn an den Anfang der open_list;
setze einen Zeiger von jedem dieser Knoten zu c
END

Wir unterscheiden also Nachbarn, die durch eine elementare Translation oder Rotation von c aus erreichbar sind und sog. Zustandsnachbarn. Unter einem Zustandsnachbarn von c verstehen wir einen Knoten mit der gleichen Position des Referenzpunkts und der gleichen Handorientierung wie c, bei dem der Arm aber in einem anderen kinematischen Zustand ist. Diese Problematik wird in Kap. 6.4 im Detail behandelt.

Um bei der Suche berücksichtigt zu werden, müssen diese Nachbarn die vier genannten Bedingungen erfüllen. Ist ein Knoten bereits in der open_list, dann ist bereits ein optimaler Weg von c_s zu diesem Knoten gefunden[1] und eine erneute Betrachtung dieses Knoten ist daher sinnlos. Für bereits geschlossene Knoten gilt dasselbe.

Die Bedingung der Kollisionsfreiheit läßt sich, wie im vorigen Kapitel ausgeführt, durch die Transformation der Raumbelegung für die betreffende Orientierung und Vergleich mit den Objektkuben in der Umgebung überprüfen. Außerdem darf natürlich der Kubus, in dessen Mittelpunkt der Referenzpunkt plaziert werden soll, nicht in einem Konfigurationsraumhindernis des betreffenden kinematischen Zustands liegen.

Ob ein Nachbar durch eine kollisionsfreie Bewegung erreichbar ist, ist im Falle elementarer Translationen bereits dadurch erfüllt, daß beide Konfigurationen kollisionsfrei sind. Im Falle elementarer Rotationen muß außerdem die Raumbelegung dieser Orientierungsänderungen mit den Objektkuben der Umgebung verglichen werden. Bei Zustandsnachbarn ist eine etwas aufwendigere Überprüfung notwendig (siehe Kap. 6.4).

---

1 Falls die sog. *consistency assumption* erfüllt ist (wird im Folgenden noch behandelt)

Die kinematische Realisierbarkeit bedeutet, ob die Gelenkwinkelkonfiguration des Nachbarn überhaupt mit den Begrenzungen der Gelenkwinkel realisiert werden kann. Dies betrifft nur die Gelenkwinkel der Hand. Bei der Überprüfung des Arms reicht bereits der Test, ob der Kubus zum betreffenden Arbeitsraum gehört. Die kinematische Realisierbarkeit der Gelenkwinkel des Arms ist ja bereits durch die Berechnung des Arbeitsraums gewährleistet. Die Berechnung der Handgelenkwinkel wird im folgenden Kapitel gezeigt.

Die heuristische Funktion $\hat{f}$ ist entscheidend für die Anzahl der expandierten Knoten bei der Wegsuche und für die Länge des gefundenen Weges. $\hat{f}(n)$ gibt eine Schätzung der Länge eines optimalen Weges f(n) von c_s nach c_g und gibt damit ein Auswahlkriterium, welcher Knoten am Günstigsten erscheint, expandiert zu werden. $\hat{f}$ ist zusammengesetzt aus den Komponenten $\hat{g}$ und $\hat{h}$:

$$\hat{f}(n) = \hat{g}(n) + \hat{h}(n)$$

$\hat{g}(n)$ gibt dabei eine Schätzung des kürzesten Weges g(n) von c_s nach n und $\hat{h}(n)$ eine Schätzung des kürzesten Weges h(n) von n nach c_g.

Gilt für alle n

$$\hat{h}(n) \leq h(n) ,$$

d.h. der Algorithmus überschätzt nicht die Entfernung von n nach c_g, dann erfüllt ein Algorithmus die *admissibility condition* ([Hart 68]). Unter dieser Bedingung findet der Algorithmus garantiert einen optimalen Weg. Erfüllt ein Algorithmus darüber hinaus die *consistency assumption*, dann ist der Algorithmus optimal. Optimal bedeutet, daß der Algorithmus die kleinste notwendige Anzahl von Knoten expandiert, die er braucht, um den optimalen Weg zu finden. Die consistency assumption lautet

$$\hat{h}(m) \leq h(m,n) + \hat{h}(n).$$

Diese Dreiecksungleichung bedeutet nichts anderes, als daß ein Umweg über einen Knoten n von einem Knoten m aus nicht zu einer kürzeren Weglänge führen darf.

Für $\hat{g}(n)$ wird normalerweise der kürzeste bisher durch den Algorithmus gefundene Weg von c_s nach n verwendet. Für $\hat{h}(n)$ bietet sich zum einen die euklidische Distanz zwischen den Mittelpunkten der durch n und c_g repräsentierten Kuben an. Zum anderen muß in irgendeiner Form die Differenz zwischen den beiden Handorientierungen in $\hat{h}$ eingehen.

Gehören n und c_g dem gleichen kinematischen Zustand an, dann ist die euklidische Distanz eine perfekte Schätzung des Weges von n nach c_g. Bezeichnen wir die beiden Zustände mit Z_n und Z_g. Ist $Z_n \neq Z_g$, dann ist dies nicht der Fall. Ist z.B. $Z_n = $ (a) und $Z_g = $ (b), dann muß der Weg von n nach c_g über einen Knoten n´ auf der äußeren Kugel des Arbeitsraums führen (siehe Abb. 6.2.1), da nur dort ein Übergang zwischen (a) und (b) möglich ist.

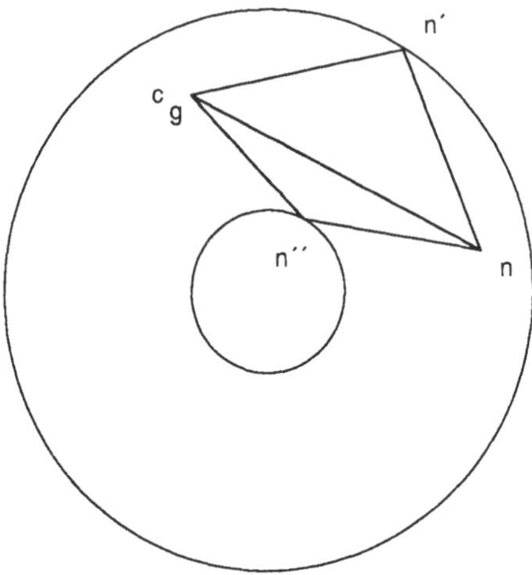

Abb. 6.2.1 : Draufsicht auf den Arbeitsraum : falls n und c_g den gleichen kinematischen Zuständen angehören, kann man c_g auf geradem Wege ansteuern. Gehören aber n und c_g verschiedenen Zuständen an, dann muß der Weg über irgendeinen Punkt n´ auf der Kugel des Arbeitsraums oder über irgendeinen Punkt n´´ auf dem Zylinder des Arbeitsraums oder über beide führen.

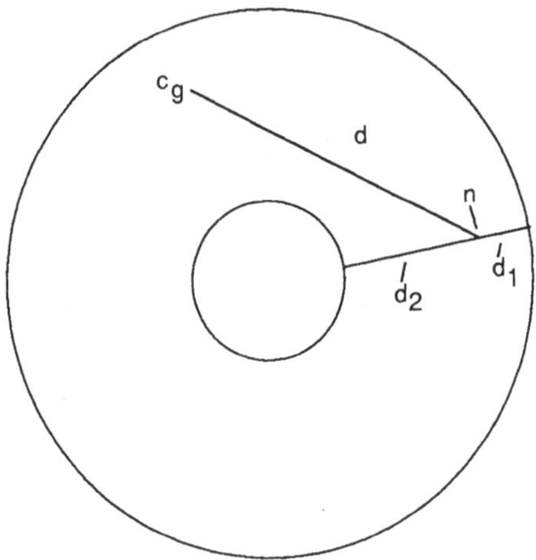

Abb. 6.2.2 : Draufsicht auf den Arbeitsraum : zur Schätzung des kürzesten Weges von n nach c_g wird eine Mischung des direkten Abstandes d von n nach c_g und der Abstände d_1 von n zur Kugel und d_2 von n zum Zylinder verwendet.

Ist $Z_n = (r)$ und $Z_g = (l)$, dann muß der Weg über einen Knoten n'' auf dem inneren Zylinder des Arbeitsraums führen (siehe Abb. 6.2.1), da nur dort ein Übergang zwischen (r) und (l) möglich ist. Als Schätzung des kürzesten Weges verwenden wir daher (siehe Abb. 6.2.2)

$$\hat{h}(n) = \begin{cases} d/l_c + e & \text{für } Z_n = Z_g \\ (d+d_1)/l_c + e & \text{für } Z_{n/g} \in (a),(b), Z_n \neq Z_g \\ (d+d_2)/l_c + e & \text{für } Z_{n/g} \in (r),(l), Z_n \neq Z_g \\ (d+d_1+d_2)/l_c + e & \text{für } Z_{n/g} \text{ komplementär}^1 \end{cases}$$

d ist dabei der Abstand von n zu c_g, d_1 der Abstand von n zur Kugel und d_2 der Abstand von n zum Zylinder. Alle Werte werden normiert mit der Kubuslänge l_c, um ein Maß für die Anzahl der einzelnen Schritte zu bekommen. Durch diese Definition erfüllt der verwendete A^*-Algorithmus nicht die admissibility condition, d.h. er kann in manchen Fällen einen suboptimalen Weg finden. Das Finden eines kürzesten Weges ist aber nicht das einzige Kriterium. Die Anzahl der expandierten Knoten und der Rechenaufwand bei jeder Expansion sind eher noch wichtiger einzustufen. Hier zeigt sich (siehe z.B. [Barr 81]), daß durch eine Überschätzung der Distanz zum Ziel und damit eine sorgfältigere Analyse der expandierten Knoten sogar eine Reduzierung der Anzahl der expandierten Knoten erreicht werden kann.

e ist eine Schätzung der Anzahl der Orientierungsänderungen zwischen der Orientierung von n und der Orientierung von c_g. Wir verwenden hierzu einfach die Differenz der Eulerwinkel von E_1' und E_2', normiert mit $\bar{\phi}_i$, den Inkrementen der einzelnen Eulerwinkel:

$$e = \sum_{i=1,..,3} \left| \frac{\phi_{ig} - \phi_{in}}{\bar{\phi}_i} \right|$$

Ein perfektes Maß wäre natürlich der Rotationswinkel bezüglich einer Rotationsachse, der notwendig ist, um E_1' in E_2' zu überführen, worauf wir aber wegen des damit verbundenen Aufwands an Rechenzeit verzichten.

---

[1] d.h. z.B. $Z_n = (r,a)$, $Z_g = (l,b)$

6.3 Kinematische Untersuchung

Die kinematische Untersuchung soll ergeben, ob eine Konfiguration von Arm und Hand auch mit realen Gelenkwinkeln realisierbar ist. Die Kinematik des Arms müssen wir dabei nicht betrachten, da der Referenzpunkt sowieso nur in Kuben des Arbeitsraums plaziert wird.

Eine Konfiguration c von Arm und Hand ist gegeben durch $c = (c_{ijk}, \phi_1, \phi_2, \phi_3, Z)$. c_{ijk} bestimmt die Translation T_{ijk} und die ϕ_i bestimmen die Orientierung des Effektorkoordinatensystems, so daß das Effektorkoordinatensystem durch $T_{ijk}EE'$ gegeben ist. Die Orientierung des Effektorkoordinatensystems ist dabei unabhängig von c_{ijk}, da c_{ijk} nur die Position des Ursprungs des Effektorkoordinatensystems bestimmt.

Wir definieren nun ein Koordinatensystem W mit festgelegter Position und Orientierung relativ zum Unterarm (siehe Abb. 6.3.1). W soll gerade der Nullstellung der Achsen vier bis sechs entsprechen. Der Ursprung von W liege in J_w, die z-Achse zeige entlang der Längsachse des Unterarms in Richtung von J_w. Die y-Achse sei parallel zu den Achsen zwei und drei und zeige zur Seite von Achse 1. Die x-Achse ergibt sich dann zu $^Wy \times {}^Wz$.

Aus einer Armkonfiguration $(\Theta_1, \Theta_2, \Theta_3)$ ergibt sich W zu $rot(z, \Theta_1)E\,rot(y, -\Theta_2 - \Theta_3)$ (siehe Abb. 6.3.1). Wir wollen nun die Rotation W' wissen, die W in die Effektororientierung EE' transformiert. Aus $W' = Euler(\Theta_4, \Theta_5, \Theta_6)$ können wir dann die realen Gelenkwinkel berechnen.

Wir haben also zwei Beschreibungen für ein und dieselbe Effektororientierung : EE' und WW'. W' ergibt sich dann zu $W' = W^{-1}EE'$. Mit $W^{-1} = rot(y, \Theta_2 + \Theta_3)E^{-1}rot(z, -\Theta_1)$ und $E^{-1} = rot(y, -\pi/2)rot(z, -\pi/2)$ ergibt sich

$$W' = rot(y, \Theta_2 + \Theta_3 - \pi/2)rot(z, -\Theta_1)rot(y, \pi/2)E'\,.$$

Wir haben nun also numerische Werte für W' und wollen die Eulerwinkel Θ_4, Θ_5 und Θ_6 wissen, so daß $Euler(\Theta_4, \Theta_5, \Theta_6) = W'$ gilt. Benennen wir die Elemente von W' wie folgt

$$W' = \begin{bmatrix} n_x & o_x & a_x & \emptyset \\ n_y & o_y & a_y & \emptyset \\ n_z & o_z & a_z & \emptyset \\ \emptyset & \emptyset & \emptyset & 1 \end{bmatrix},$$

dann sind nach [Paul 81] die Eulerwinkel

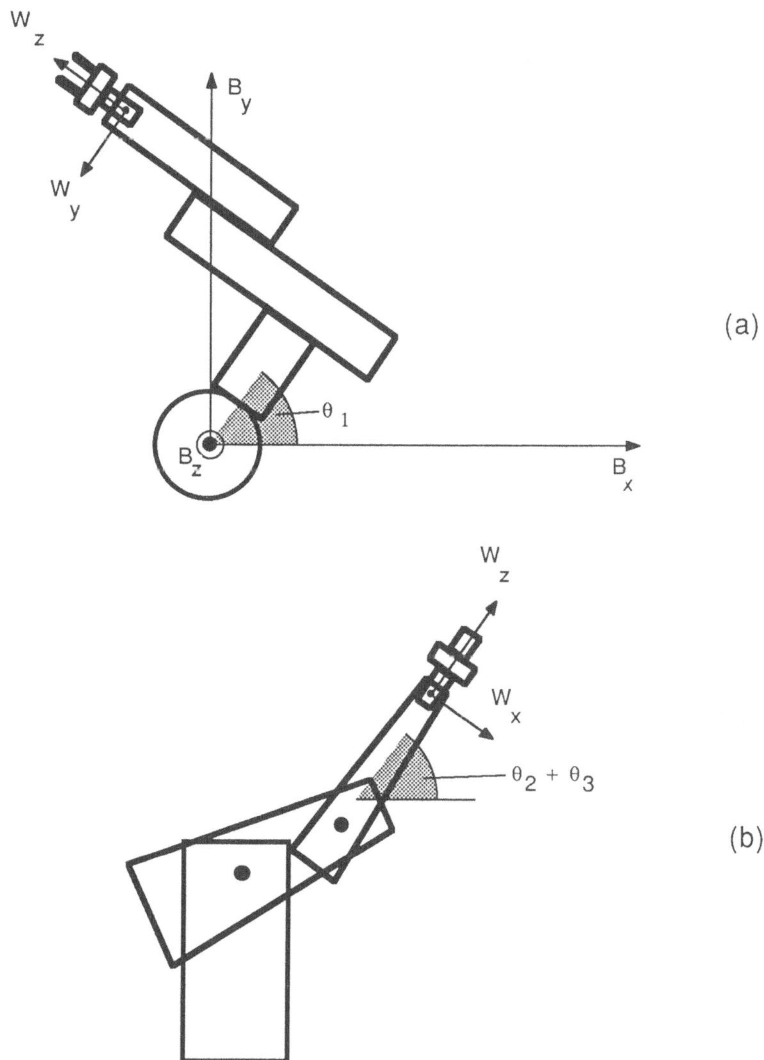

Abb. 6.3.1 : Das Koordinatensystem W ist relativ zum Unterarm definiert. Die z-Achse zeigt in Längsrichtung des Unterarms, die y-Achse ist parallel zu den Achsen 2 und 3 mit Richtung zur Achse 1. Die x-Achse ergibt sich entsprechend. W kann aus Θ_1, Θ_2 und Θ_3 berechnet werden. In der Draufsicht (a) ist der Einfluß von Θ_1 zu sehen, in der Seitenansicht (b) der Einfluß von Θ_2 und Θ_3

$$\Theta_{4,1} = \begin{cases} \emptyset & f\ddot{u}r \ a_y = a_z = \emptyset \\ atan\,2(a_y, a_z)^1 & sonst \end{cases}$$

$$\Theta_{4,2} = \begin{cases} \emptyset & f\ddot{u}r \ a_y = a_z = \emptyset \\ atan\,2(a_y, a_z) + \pi & sonst \end{cases}$$

$$\Theta_{5_{1,2}} = atan\,2(cos\,\Theta_{4_{1,2}} a_z + \sin\Theta_{4_{1,2}} a_y \ , \ a_z)$$

$$\Theta_{6_{1,2}} = atan\,2(-\sin\Theta_{4_{1,2}} n_z + \cos\Theta_{4_{1,2}} n_y \ , \ -\sin\Theta_{4_{1,2}} o_z + \cos\Theta_{4_{1,2}} o_y)$$

Die Mehrdeutigkeit dieser Winkelberechnung muß auf der Robotersteuerungsebene berücksichtigt werden. In der Praxis wird man denjenigen Wert wählen, der näher am alten Wert liegt.

Eine Effektororientierung ist also dann realisierbar, wenn

$$\Theta_{4min} \leq \Theta_4 \leq \Theta_{4max} \ \text{und}$$
$$\Theta_{5min} \leq \Theta_5 \leq \Theta_{5max} \ \text{und}$$
$$\Theta_{6min} \leq \Theta_6 \leq \Theta_{6max}$$

gilt.

---

[1] Die Funktion atan2(x,y) liefert für $\vec{p} = (x,y)^T$ den Winkel zwischen der x-Achse und $\vec{p}$ mit Werten im Intervall $[-\pi,\pi)$. Es gilt also atan2(p) $= \Omega(p)$ für $\Omega(p) < \pi$ und $\Omega(p) - 2\pi$ für $\Omega(p) \geq \pi$.

6.4 Wechseln zwischen kinematischen Zuständen

An bestimmten Punkten kann der Arm von einem kinematischen Zustand in einen anderen übergehen:

— An Punkten auf der Kugel, die den Arbeitsraum nach außen begrenzt (siehe Abb. 6.2.1), kann ein Übergang zwischen den Zustandsgruppen (a) und (b) geschehen.

— An Punkten auf dem Zylinder, der den Arbeitsraum nach innen begrenzt (siehe Abb. 6.2.1), kann ein Übergang zwischen den Zustandsgruppen (r) und (l) geschehen.

An diesen Punkten lassen wir Zustandsübergänge nach dem folgenden Prinzip zu:

> Der Referenzpunkt J_w liegt am Anfang im Mittelpunkt m_1 eines Kubus c. Es existiert ein Nachbarkubus c´ in der Manhattan Distanz 1^1, der von der Kugel bzw. dem Zylinder geschnitten wird und der den Lotpunkt l von m auf die Kugel bzw. den Zylinder enthält. Dann lassen wir J_w auf der Strecke s nach l wandern, wobei der anfängliche kinematische Zustand aufrechterhalten wird und die Handorientierung (in Basiskoordinaten) gleich bleibt. Anschließend lassen wir J_w wieder auf s nach m zurückwandern, wobei aber der neue kinematische Zustand aufrechterhalten wird und ebenfalls die Handorientierung gleich bleibt. Am Ende befindet sich J_w wieder am Ort m, allerdings ist der Arm im neuen kinematischen Zustand (siehe auch Abb. 6.4.1).

Dieser Übergang muß sowohl kinematisch realisierbar als auch kollisionsfrei sein. Bezüglich der kinematischen Realisierbarkeit fordern wir, daß die Endpunkte von s, d.h. m und l, in den jeweiligen kinematischen Zuständen kinematisch realisierbar sind (siehe Kap. 6.3).

Bezüglich der Kollisionsfreiheit muß einerseits gewährleistet sein, daß die von s geschnittenen Kuben (d.h. c und c´) nicht zu Konfigurationsraumhindernissen *beider* kinematischer Zustände gehören. Andererseits darf die Raumbelegung dieser Handorientierung (die ja die ganze Zeit aufrecht erhalten wird) sich zu keinem Zeitpunkt mit realen Objektkuben schneiden. Würde sich J_w nur zwischen den Mittelpunkten der beiden Kuben bewegen wie im Falle der elementaren translatorischen Bewegungen, dann würde es genügen, die Raumbelegung an die genannten Mittelpunkte zu transformieren und jeweils auf Koinzidenz mit Objektkuben zu überprüfen. Da aber l irgenwo in c´ liegt und sich J_w daher auf einer beliebig geneigten Strecke bewegt, ist dies nicht möglich. Wir behelfen uns damit, daß wir die Überprüfung der Kollisionsfreiheit der Raumbelegung nicht nur für c und c´, sondern auch für alle Nachbarn von c und c´ vornehmen, die von c bzw. c´ in einer Manhattan Distanz von 1 entfernt liegen.

---

1 d.h., die beiden Kuben haben eine gemeinsame Kante, sind aber verschieden.

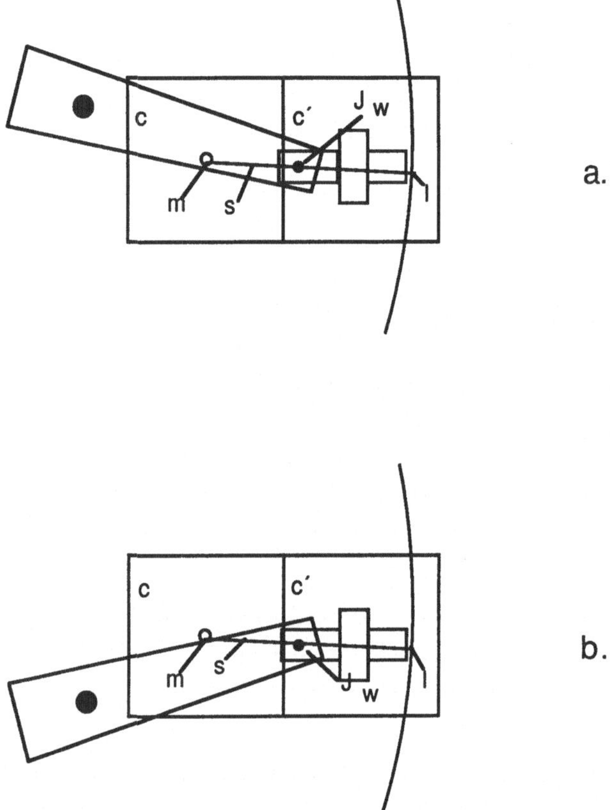

Abb. 6.4.1 : Beispiel des Wechselns eines kinematischen Zustands von (a) nach (b). J_w bewegt sich auf der Strecke s vom Mittelpunkt m des Kubus c zum Lotpunkt l auf der Kugel, wobei der Arm im Zustand (a) (siehe Abb. a.) ist. Anschliessend bewegt sich J_w auf s nach m zurück, wobei der Arm im Zustand (b) (siehe Abb. b.) ist.

7. Komplexitätsanalyse

Wir wollen in diesem Kapitel die maximale Laufzeit T_{wc}, die mittlere Laufzeit T_{ac}, den maximalen Speicherplatzbedarf S_{wc} und den mittleren Speicherplatzbedarf S_{ac} der verschiedenen Teile des Verfahrens berechnen, wobei wir eine RAM zugrunde legen. Bei den Eingaben unseres Algorithmus unterscheiden wir die folgenden Parameter :

$\mathbf{m_u}$ sei die Anzahl der Eckpunkte der Seitenfläche des Oberarms,

$\mathbf{m_f}$ sei die Anzahl der Eckpunkte der Seitenfläche des Unterarms,

$\mathbf{m_h}$ sei die Anzahl der Eckpunkte der Hand,

$\mathbf{n_o}$ sei die Anzahl der Objekte in der Szene,

$\mathbf{n_{vi}}$ sei die Anzahl der Eckpunkte von Objekt i,

$\mathbf{n_v} = \sum\limits_{i=1}^{n_o} n_{vi}$ sei die Anzahl aller Objekteckpunkte in der Szene,

$\mathbf{p_l}$ sei die Anzahl der Subintervalle jedes Θ_l-Kollisionsintervalls,

$\mathbf{p_k}$ $(= 2n_{pl} - 1)$ sei die Anzahl der Ebenen des Kubusraums in einer Raumrichtung,

$\mathbf{p_h}$ sei die Anzahl der Ebenen des Kubusraums in einer Raumrichtung zur Darstellung der Raumbelegung der Hand,

$\mathbf{p_e}$ sei die Anzahl der Subintervalle der einzelnen Eulerwinkel der Hand.

7.1 Berechnung des maximalen Aufwands

Wir unterscheiden die drei Hauptteile des Verfahrens, nämlich die Berechnung des vierdimensionalen Konfigurationsraums, die Berechnung der Raumbelegung und die Suche im siebendimensionalen Konfigurationsraum.

Bei der **Berechnung des vierdimensionalen Konfigurationsraums** ist zwischen den unabhängigen Teilen der Arbeitsraumberechnung, der Berechnung der Konfigurationsraumhindernisse des Oberarms und des Unterarms und der Abbildung der Hindernisse zu unterscheiden.

Bei der **Berechnung des Arbeitsraums** werden die vertikalen Flächen für jeden der vier kinematischen Zustände in p_k-1 horizontalen Schichten geschnitten und für jede Schicht werden $O(p_k^2)$ Schnittoperationen durchgeführt, um die Kubenkette der Umrisse der entstehenden horizontalen Fläche zu berechnen. Zum Ausfüllen des Inneren dieser Fläche werden ebenfalls $O(p^2_k)$ Operationen benötigt, so daß sich als Summe ergibt

$$T^{k1}_{wc} = O(p^3_k) \text{ und } S^{k1}_{wc} = O(p^3_k).$$

Zur **Berechnung der Konfigurationsraumhindernisse des Oberarms** werden zunächst die Θ_1-Kollisionsintervalle berechnet. Dabei werden sukzessive die Oberflächen des vom Oberarm überstrichenen Zylinders mit Geometrieelementen der Objekte verglichen. Der Aufwand ist daher linear in der Anzahl der Objekteckpunkte, d.h. wir benötigen $O(n_v)$. Die nachfolgenden Schritte werden für jedes Objekt und jedes Θ_1-Subintervall dieses Objekts einmal, d.h. insgesamt $n_o p_1$ mal durchgeführt. Für jedes Subintervall wird als erstes der in diesem Intervall überstrichene Körper mittels einer konstanten Zahl von ebenen Schnitten durch das betreffende Objekt berechnet. Da dieser Körper im worst case $O(n_{vi})$ Geometrielemente haben kann, kann dies in $O(n_{vi})$ Schritten getan werden. Das gleiche gilt für die Projektion der Eckpunkte des Körpers. Für die Berechnung der konvexen Hülle veranschlagen wir $O(n_{vi} \log n_{vi})$ Schritte (siehe [Preparata 77]). Zur Berechnung der Θ_2-Kollisionsintervalle sind $O(n_{vi} m_u)$ Vergleiche notwendig. Die Abbildung in den Kubusraum vollzieht sich analog zur Arbeitsraumberechnung in p^3_k Schritten. Als Summe ergibt sich

$$T^{k2}_{wc} = O\left(p_1 \sum_{i=1}^{n_o}(n_{vi}\log n_{vi} + n_{vi}m_u + p_k^3)\right).$$

Wir schätzen n_{vi} durch $\max(n_{vi})$ nach oben ab und erhalten

$$\sum_{i=1}^{n_o}(n_{vi}\log n_{vi}) \leq \sum_{i=1}^{n_o}(n_{vi}\log \max(n_{vi})) = n_v \log \max(n_{vi})$$

Es ergibt sich also

$$T^{k2}_{wc} = O\left(p_1(n_v \log \max(n_{vi}) + n_v m_u + n_o p_k^3)\right).$$

Der maximale Speicherplatzbedarf des Kubusraums ist $4p^3_k$ (wegen der vier kinematischen Zustände) und daher ist

$$S^{k2}_{wc} = O(p^3_k).$$

Bei der **Berechnung der Konfigurationsraumhindernisse des Unterarms** sind die ersten Schritte bis zur Berechnung der konvexen Hülle dieselben wie beim Oberarm. Bei der Berechnung der Kreisbögen sind $O(n_{vi} m_f)$ Schnittoperationen notwendig. Aus den $O(n_{vi} m_f)$ Kreisbögen wird sukzessive immer ein Kreisbogen ausgewählt und an den entstehenden Zyklus angebaut, wobei sich die Anzahl dieser Kreisbögen jeweils um 1 verringert. Der Aufwand dafür ist also $O((n_{vi} m_f)^2/2 + n_{vi} m_f/2)$. Die Berechnung des vertikalen Zellenmusters benötigt $2p_k$ Operationen, um die Schnittpunkte der horizontalen Gittergeraden mit der

143

vertikalen Fläche zu berechnen. Es resultieren $O(p_k)$ Zellen, die in p_k horizontalen Schichten aufgebaut werden, es ergibt sich also insgesamt $O(p^2_k)$. Ebenfalls $O(p^2_k)$ Schritte ergeben sich für die Abbildung der Ränder der Hindernisflächen und das Ausfüllen der Flächen. Die Abbildung in den Kubusraum nimmt wie beim Oberarm $O(p^3_k)$ Schritte in Anspruch. Unter Verwendung der gleichen Abschätzung wie beim Oberarm ergibt sich eine maximale Laufzeit von insgesamt

$$T_{wc}^{k3} = O(p_1(n_v \log max(n_{vi}) + n_v^2 m_f^2 + n_o p_k^3)) \ .$$

Wie beim Oberarm ist der maximale Speicherplatzbedarf

$$S^{k3}_{wc} = O(p^3_k).$$

Bei der **Abbildung der Hindernisse** werden mit maximal n_v Geometrieelementen des Objekts maximal p^3_k Schnittoperationen durchgeführt. Es ergibt sich also

$$T^{k4}_{wc} = O(n_v p^3_k) \text{ und } S^{k4}_{wc} = O(p^3_k + n_v).$$

Als Summe ergibt sich für die Berechnung des vierdimensionalen Konfigurationsraums damit

$$T^k_{wc} = T^{k1}_{wc} + T^{k2}_{wc} + T^{k3}_{wc} + T^{k4}_{wc} =$$
$$O(p_1(n_v \log max(n_{vi}) + n_v m_u + n_v^2 m_f^2 + n_v p_k^3)).$$
$$S^k_{wc} = S^k_{wc} + S^{k2}_{wc} + S^{k3}_{wc} = O(p^3_k + n_v) \ .$$

Bei der **Berechnung der Raumbelegung** gibt es p^3_e Kombinationen von Handorientierungen, für die jeweils eine Raumbelegung zu berechnen ist. Zwischen diesen Handorientierungen gibt es $3p^2_e(p_e-1)$ Übergänge zwischen benachbarten Orientierungen, für die die Raumbelegung des Rotationskörpers zu berechnen ist. Die Hand bzw. der Rotationskörper der Hand haben $O(m_h)$ Eckpunkte und werden mit maximal p^3_h Schnittoperationen des SPLIT-Algorithmus in das Kubusgitter abgebildet. Im Falle des Rotationskörpers kommen wegen der Berechnung der konvexen Hülle noch $m_h \log m_h$ Schritte hinzu. Als Summe ergibt sich also

$$T^r_{wc} = O(m_h p^3_e \log m_h + m_h p^3_e p^3_h).$$

Der Speicheraufwand ist dann

$$S^r_{wc} = O(p^3_e + m_h).$$

Bei der **Wegsuche** ist die maximale Anzahl der Knoten des Suchraums $4(p_k-1)^3 p^3_e$. Da aufgrund der consistency assumption (siehe Kap. 6.2) jeder Knoten maximal einmal expandiert wird, sind schlimmstenfalls

$$T^s_{wc} = S^s_{wc} = O(p^3_k p^3_e)$$

Knoten zu durchsuchen.

7.2 Berechnung des mittleren Aufwands

Der mittlere Aufwand ist im Falle der **Arbeitsraumberechnung** identisch zum maximalen Aufwand.

Bei der Abschätzung des mittleren Aufwands zur **Berechnung der Konfigurationsraumhindernisse** gehen wir davon aus, daß die Hindernisse gleichmäßig über den Arbeitsraum verteilt sind und jeweils eine Anzahl von Eckpunkten von $n_{vi} = n_v/n_o$ besitzen. Der Ausdruck

$$\sum_{i=1}^{n_o} n_{vi} \log n_{vi} \text{ wird damit zu } \sum_{i=1}^{n_o} n_v/n_o \, log(n_v/n_o) = n_v \log(n_v/n_o) \, .$$

Bei der **Abbildung der Hindernisse** kann man davon ausgehen, daß die Eckpunkte der Hindernisse gleichmäßig im Arbeitsraum verteilt sind. Es sind daher nicht $n_v \, p_k^3$ Operationen notwendig, sondern nur $n_v \log n_v$. Bei gleichem Speicherplatzbedarf ergibt sich dann

$$T_{ac}^k = O(p_1(n_v \, log(n_v/n_o) + n_v \, m_u + n_v^2 m_f^2 + n_v \, \log n_v)) \, .$$

Bei der **Abschätzung des mittleren Aufwands bei der Berechnung der Raumbelegung** kann man davon ausgehen, daß die Eckpunkte der Hand gleichmäßig über den Kubusraum verteilt sind. Es ist daher nur ein Aufwand von $m_h \log m_h$ zu berücksichtigen. Bei der Abbildung der Hand bzw. des Rotationskörpers der Hand ergibt sich also

$$T_{ac}^r = O(p_e^3 \, m_h \log m_h).$$

Der durchschnittliche Speicheraufwand ist ebenfalls

$$S_{ac}^r = O(p_e^3 + m_h).$$

Der **mittlere Aufwand bei der Wegsuche** ist gleich dem maximalen Aufwand, d.h. es gilt

$$T_{ac}^s = S_{wc}^s = O(p_k^3 p_e^3).$$

7.3 Vergleich mit herkömmlichen Verfahren

Es wäre nun sehr aufschlußreich, die Ergebnisse mit den Komplexitätsmaßen eines auf dem Gelenkwinkelraum beruhenden Konfigurationsraumverfahrens zu vergleichen. Da bei den existierenden Verfahren die Komplexitätsanalyse meist nur rudimentär (wenn überhaupt) durchgeführt wurde, skizzieren wir im Folgenden ein **hypothetisches Verfahren** dieser Art in Anlehnung an das Verfahren von [Lozano-Perez 87] und berechnen dessen Komplexitätsmaße. Wir gehen dabei von der gleichen Geometrie und Kinematik des Roboters aus und verwenden die gleichen Bezeichnungen für die Eingaben des Algorithmus. Lediglich die Definition von p_1 wollen wir auch auf die anderen Gelenkwinkel ausdehnen. Wir wollen also unter p_1 nicht nur die Anzahl der Subintervalle eines Θ_1-Kollisionsintervalls verstehen, sondern die Anzahl der Subintervalle jedes Θ_i-Kollisionsintervalls.

Bei Verfahren dieser Art werden die kinematisch möglichen Intervalle in Subintervalle unterteilt. Man muß daher entweder die Glieder des Roboters oder die Objekte entsprechend dieser Subintervalle vergrößern (siehe auch Kap. 1.2). Wir beschränken uns auf den ersten Fall, bei dem die Gestalt des n-ten Armgliedes durch sein überstrichenes Volumen ersetzt wird, wenn die n-1 vorherigen Gelenkwinkel Werte aus ihren jeweiligen Subintervallen annehmen (im anderen Fall ergibt sich dasselbe Ergebnis). Zunächst werden die Θ_1-Kollisionsintervalle berechnet wie zuvor mit Aufwand $O(n_v)$. Für die Transformation des Oberarms aufgrund eines Θ_1-Subintervalls benötigen wir $O(m_u)$. Wir können davon ausgehen, daß nicht der exakte Rotationskörper mit gekrümmten Flächen berechnet wird, sondern eine Approximation durch einen umhüllenden Polyeder verwendet wird. Der Aufwand beträgt dann für alle Θ_1-Subintervalle $O(p_1 m_u \log m_u)$. Für die Berechnung der Θ_2-Kollisionsintervalle werden nach [Lozano-Perez 87] $O(p_1 m_u^2 n_v^2)$ benötigt und für die Transformation des Unterarms $O(p_1^2 m_f \log m_f)$. Für die Berechnung der Θ_3-Kollisionsintervalle ergibt sich $O(p_1^2 m_f^2 n_v^2)$ und für die Transformation der Hand $O(p_1^3 m_h \log m_h)$ usw.

Als Summe erhalten wir

Berechnung der Θ_1-Kollisionsintervalle	$O(n_v)$
Transformation des Oberarms	$O(p_1 m_u \log m_u)$
Berechnung der Θ_2-Kollisionsintervalle	$O(p_1 m_u^2 n_v^2)$
Transformation des Unterarms	$O(p_1^2 m_f \log m_f)$
Berechnung der Θ_3-Kollisionsintervalle	$O(p_1^2 m_f^2 n_v^2)$
Transformation der Hand	$O(p_1^3 m_h \log m_h)$
Berechnung der Θ_4-Kollisionsintervalle	$O(p_1^3 m_h^2 n_v^2)$
Transformation der Hand	$O(p_1^4 m_h \log m_h)$
Berechnung der Θ_5-Kollisionsintervalle	$O(p_1^4 m_h^2 n_v^2)$
Transformation der Hand	$O(p_1^5 m_h \log m_h)$
Berechnung der Θ_6-Kollisionsintervalle	$O(p_1^5 m_h^2 n_v^2)$

$$\text{Summe} \qquad O(p_1 m_u^2 n_v^2 + p_1^2 m_f^2 n_v^2 + p_1^5 m_h^2 n_v^2)$$

Die resultierende Datenstruktur können wir als Baum der Ordung p_1 (d.h. jeder Knoten hat maximal p_1 Söhne) auffassen. Durch weitere Unterteilung von Θ_6 erhalten wir $O(p_1^6)$ Blätter dieses Baums. Jedes Blatt entspricht einer Zelle im sechsdimensionalen Gelenkwinkelraum des Roboters und kann als Knoten eines Graphen aufgefaßt werden. Eine Kante in diesem Graphen existiert zwischen zwei Zellen, wenn ein kollisionsfreier Übergang zwischen diesen Zellen möglich ist. Ein solcher Übergang existiert genau dann, wenn sich diese Zellen schneiden, d.h. wenn sich die Intervalle aller ihrer Kanten schneiden. Um den Graphen aufzubauen muß diese Bedingung sukzessive für jeden Knoten überprüft werden. Für einen Knoten ist eine konstante Zahl von Kanten zu untersuchen und für jede Kante sind $O(p_1)$ Verzweigungen zu durchsuchen. Da die Verzweigungen bereits sortiert sind, kann diese Untersuchung in $O(\log p_1)$ Schritten pro Knoten getan werden. Der Aufwand für die Erzeugung des Graphen ist dann $O(p_1^6 \log p_1)$. Es ergibt sich daher als gesamter Aufwand für den Aufbau des Konfigurationsraums

$$^jT^k_{wc} = O(p_1 m_u^2 n_v^2 + p_1^2 m_f^2 n_v^2 + p_1^5 m_h^2 n_v^2 + p_1^6 \log p_1).$$

Der maximale Speicheraufwand ergibt sich aus der Gesamtzahl der Knoten des Baumes, also zu

$$^jS^k_{wc} = O(p_1^7).$$

Da der resultierende Graph $O(p_1^6)$ Knoten hat, ergibt sich als maximale Laufzeit und maximalen Speicheraufwand für die Suche

$$^jT^s_{wc} = {}^jS^s_{wc} = O(p_1^6).$$

Um die erarbeiteten Ergebnisse besser vergleichen zu können stellen wir die folgende sehr grobe Abschätzung an. Wir schätzen die verschiedenen m_i, n_i und $\max(n_{vi})$ durch eine Schranke n nach oben ab. n verkörpert damit als eine Art Geometrieparameter den Einfluß der Szenengeometrie. Die restlichen Parameter schätzen wir durch eine Schranke p nach oben ab. p steht somit für die Systemparameter.

Wir fassen die Berechnung des Konfigurationsraums und der Raumbelegungen unter dem Begriff der Vorverarbeitung zusammen und erhalten damit mit den obigen Abschätzungen für das kartesische Konfigurationsraumverfahren

$$T^{vv}_{wc} = O\left(\, n^2 p^3 + p\, n^4 + n\, p^6 \,\right)$$

und

$$S^{vv}_{wc} = O\left(\, p^6 \,\right).$$

Für das Konfigurationsraumverfahren basierend auf Gelenkwinkeln ergibt sich

$$^{j}T^{vv}_{wc} = O\left(\, n^4 p^5 + p^6 \log p \,\right)$$

und

$$^{j}S^{vv}_{wc} = O\left(\, p^7 \,\right)$$

Für die Wegsuche ergibt sich für das kartesische Konfigurationsraumverfahren

$$T^{s}_{wc} = S^{s}_{wc} = O\left(\, p^6 \,\right)$$

Für das Konfigurationsraumverfahren basierend auf Gelenkwinkeln ergibt sich

$$^{j}T^{s}_{wc} = {}^{j}S^{s}_{wc} = O\left(\, p^6 \,\right).$$

Bei der Wegsuche erweisen sich also die Verfahren als gleichwertig, während sich bei der Vorverarbeitung leichte Vorteile bei dem kartesischen Konfigurationsraumverfahren ergeben.

8. Diskussion

Mit der vorliegenden Arbeit wurde ein grundlegend neues Verfahren vorgestellt, das als Besonderheit die translatorischen kartesischen Koordinaten eines Referenzpunkts des Roboterarms als Parameter eines Konfigurationsraums verwendet. Dieses Prinzip ermöglicht eine Entkopplung des Roboterarms von der Hand insofern, daß die Berechnung der Raumbelegung der Hand unabhängig von der räumlichen Position des Handreferenzpunkts durchgeführt werden kann. Eine Auswirkung dieser Vorgehensweise ist, daß bei etwa gleicher maximaler Laufzeit der maximale Speicheraufwand für die Summe der Vorverarbeitungsschritte gegenüber herkömmlichen Verfahren [1] gesenkt werden konnte (siehe Kap. 7).

Ist der Konfigurationsraum erst einmal berechnet, erweisen sich beide Typen von Verfahren mit $O(p^6)$ als gleichwertig hinsichtlich der maximalen Laufzeit und des maximalen Speicheraufwands bei der Suche.

Der Hauptvorteil des Verfahrens liegt aber weniger in der erzielten Verringerung des maximalen Aufwands, sondern in der Art des verwendeten Konfigurationsraums der ersten drei Gelenke. Die vier dreidimensionalen Unterräume (je einer pro kinematischem Zustand) des vierdimensionalen Konfigurationsraums der ersten drei Gelenke überdecken sich mit dem realen Raum, in dem sich der Roboter bewegt. Ein Punkt in einem dieser Unterräume hat eine direkte Entsprechung im realen Raum: der Referenzpunkt des Arms befindet sich im realen Raum an einem Punkt mit denselben Koordinaten. Dadurch wird eine von dem Verfahren gefundene Bahn direkt für den Menschen nachvollziehbar. Dies stellt einen unschätzbaren Vorteil dar in allen Anwendungsbereichen des Verfahrens, bei denen der Mensch noch in irgendeiner Weise direkt auf die Bewegungsplanung Einfluß nimmt, bzw. deren Ergebnisse kontrolliert.

Ein weiterer Vorteil wurde bereits in Kap. 1 aufgeführt: die "Kompatibilität" des vierdimensionalen Konfigurationsraums mit anderen geometrischen Planungsverfahren. Bei der Planung komplexer Handlungsabläufe des Roboters besteht ja immer die Notwendigkeit des Zusammenwirkens verschiedener geometrischer Planungsverfahren. Im vorliegenden Anwendungsfall der Montage sind dies die Greifplanung, die Feinbewegungsplanung und die Bahnplanung. Mit dem vorgestellten Verfahren wird es besonders einfach, die Konfigurationsraumhindernisse des Roboterarms bei der Greifplanung und der Feinbewegungsplanung zu berücksichtigen.

---

1 d.h. Konfigurationsraumverfahren, die als Parameter des Konfigurationsraums die Gelenkwinkel des Roboters verwenden

Als einen Nachteil des Verfahrens könnte man die Spezialisierung auf nur eine Gruppe von Robotern empfinden. Allerdings stellt dieser Robotertyp durch seine Geometrie und Kinematik die höchsten Anforderungen an ein Bahnplanungsverfahren. Eine Übertragung auf andere Robotertypen wird also in der Regel Vereinfachungen des Verfahrens mit sich bringen. Der Aufwand dieser Übertragung dürfte sich ohnehin in Grenzen halten, da eine Haupteigenschaft dieses Verfahrens ja in der weitgehenden Entkopplung der Konfigurationsraumberechnungen der einzelnen Teile des Roboters besteht.

Anhang : Häufig verwendete Funktionen und Operatoren

Beim Arbeiten mit inversen trigonometrischen Funktionen und dem Rechnen mit und Vergleichen der resultierenden Winkel hat man häufig den Effekt, daß beim Überschreiten der Grenzen zwischen Quadranten des Einheitskreises unschöne Fallunterscheidungen notwendig werden. Um die Zahl der Fallunterscheidungen im Text zu minimieren und damit die Lesbarkeit zu verbessern und andererseits aber die Korrektheit der arithmetischen Ausdrücke zu gewährleisten, führen wir einige Funktionen und Operatoren ein.

Die Funktion Ω liefert die *Orientierung* eines Vektors im Einheitskreis, wobei wir unter Orientierung den mathematisch positiven Winkel zwischen der Abszisse und dem Vektor verstehen. Der resultierende Winkel ist immer im Bereich $[0,2\pi]$:

Def. A1 $p_1 = (x_1,y_1)^T$ und $p_2 = (x_2,y_2)^T$ seien zwei Vektoren in einem zweidimensionalen kartesischen Koordinatensystem mit Abszisse x und Ordinate y. Dann verstehen wir unter der Orientierung $\Omega(p_1,p_2)$ den Winkel zwischen p_2 und der nach p_1 verschobenen Abszisse:

$$\Omega(p_1,p_2) := \begin{cases} \pi/2 & x_2-x_1=0, y_2-y_1>0 \\ 0 & x_2-x_1=0, y_2-y_1=0 \\ 3\pi/2 & x_2-x_1=0, y_2-y_1<0 \\ atan((y_2-y_1)/(x_2-x_1)) & x_2-x_1>0, y_2-y_1\geq0 \\ atan((y_2-y_1)/(x_2-x_1))+2\pi & x_2-x_1>0, y_2-y_1<0 \\ atan((y_2-y_1)/(x_2-x_1))+\pi & x_2-x_1<0 \end{cases}$$

Ist p_1 gleich dem Nullvektor, so schreiben wir abkürzend $\Omega(p_2)$ □

Um beim Rechnen mit diesen Winkeln auch weiterhin auf das Intervall $[0,2\pi]$ normierte Winkelbeträge zu erhalten, definieren wir die Operatoren (+) und (-) wie folgt

Def. A2 ϕ_1 und ϕ_2 seien Winkel aus dem Intervall $[0,2\pi]$. Dann ist

$$\phi_1 \,(+)\, \phi_2 := \begin{cases} \phi_1 + \phi_2 & \phi_1 + \phi_2 \leq 2\pi \\ mod(\phi_1 + \phi_2, 2\pi) & \phi_1 + \phi_2 > 2\pi \end{cases}$$

$$\phi_1 \; (--) \; \phi_2 := \begin{cases} \phi_1 - \phi_2 & \phi_1 - \phi_2 \geq 0 \\ 2\pi + \phi_1 - \phi_2 & \phi_1 - \phi_2 < 0 \end{cases} \square$$

Die Vergleichsoperatoren $(>)$, $(\geq)$, $(<)$, $(\leq)$ definieren wir dann wie folgt

Def. A3 ϕ_1 und ϕ_2 seien Winkel aus dem Intervall $[0,2\pi]$. Dann ist

$$\phi_1 \; (>) \; \phi_2 := \begin{cases} true & 0 < \phi_1(-)\phi_2 < \pi \\ false & \phi_1(-)\phi_2 \geq \pi \end{cases}$$

$$\phi_1 \; (\geq) \; \phi_2 := \begin{cases} true & 0 \leq \phi_1(-)\phi_2 < \pi \\ false & \phi_1(-)\phi_2 \geq \pi \end{cases}$$

$$\phi_1 \; (<) \; \phi_2 := \begin{cases} true & \phi_1(-)\phi_2 \geq \pi \\ false & 0 < \phi_1(-)\phi_2 < \pi \end{cases}$$

$$\phi_1 \; (\leq) \; \phi_2 := \begin{cases} true & \phi_1(-)\phi_2 \geq \pi \\ false & 0 \leq \phi_1(-)\phi_2 < \pi \end{cases} \square$$

Als Umkehrfunktion zu Ω definieren wir die Funktion κ:

Def. A4 $\kappa(p,\phi,l)$ liefert den Endpunkt eines Vektors mit Anfangspunkt $p = (x_p, y_p)^T$ und Länge l, der den Winkel ϕ mit der Abszisse hat:

$$\kappa(p,\phi,l) := (x_p + l\cos\phi, \; y_p + l\sin\phi)$$

Ist p gleich dem Nullvektor, so schreiben wir auch abkürzend $\kappa(\phi,l)$ $\square$

Literaturverzeichnis

Agryle 84

  E.R. Agryle : ROMULUS to FEMGEN Interface, Shape Data Ltd., 1984

Anderson 78

  K.R. Anderson : A reevaluation of an efficient algorithm for determining the convex hull of a finite planar set, IPL, 7, S. 53, 1978

Baer 79

  Baer, A., C. Eastman und M. Henrion. Geometric Modelling : A Survey, Computer Aided Design 11(5), 253–272 (1979).

Barr 81

  A. Barr and E.A. Feigenbaum (Eds.) : The Handbook of Artificial Intelligence, Heuristech Press, Stanford, Cal. and William Kaufmann, Inc., Los Altos, Cal., 1981

Borgefors 84

  G. Borgefors : Distance Transformations in Arbitrary Dimensions, Computer Vision, Graphics and Image Processing 27, 321-345 (1984)

Bronstein 79

  I.N. Bronstein, K.A. Semendjajew : Taschenbuch der Mathematik, Teubner Verlagshaus, Leipzig, 1979

Brooks 83a

  R.A. Brooks : Solving the Find-Path Problem by Good Representation of Free Space, IEEE Trans. on Sys., Man and Cyb., Vol. SMC-13, No. 3, March/April 1983

Brooks 83b

  R.A. Brooks : Planning Collision-Free Motions for Pick-and-Place Operations The International Journal of Robotics Research, Vol. 2, No. 4, Winter 1983

Brooks 83c

  R.A. Brooks and T. Lozano-Perez : A Subdivision Algorithm in Configuration Space for Findpath with Rotation, Proc. of the Int. Joint Conf. on Artificial Intelligence, Karlsruhe, 1983

Canny 84

  J.F. Canny : Collision Detection for Moving Polyhedra, Proc. European Conf. on Art. Intelligence, 1984

Culley 86

  R.K. Culley and K.G. Kempf : A Collision Detection Algorithm Based on Velocity and Distance Bounds, Proc. of the IEEE Int. Conf. on Robotics and Automation, San Francisco, 1986

Erdmann 86

M. Erdmann and T. Lozano-Perez : On Multiple Moving Objects, IEEE Int. Conf. on Robotics and Automation, San Francisco, 1986

Faverjon 84

B. Faverjon : Obstacle Avoidance Using an Octree in the Configuration Space of a Manipulator, Proc. IEEE International Conference on Robotics, Atlanta, March 1984

Freund 84

E. Freund : Collision Avoidance in Multi-Robot Systems, Proc. Sec. Int. Symp. on Robotics Research, Kyoto, Japan, August 1984

Frommherz 86a

B. Frommherz und K. Hoermann : Ein Konzept für ein Roboter-Aktionsplanungssystem, 16. Jahrestagung der GI, Fachgespräch "Methoden der künstlichen Intelligenz in der Robotik", Okt. 1986, Berlin

Frommherz 86b

B. Frommherz and K. Hoermann : A Concept for Robot Action Planning, Proc. of the NATO Advanced Research Workshop on Languages for Sensor-Based Control in Robotics, Castelvecchio Pascoli, Italy, Sept. 1986

Gouzenes 84

L. Gouzenes : Strategies for Solving Collision-Free Trajectory Problems for Mobile and Manipulator Robots, Int. Journal of Robotics Research, Vol.3, No.4, 1984

Graf 87

M. Graf und M. Stracke : Generierung von Arbeitsraumhindernissen aus CAD-Daten (I), Studienarbeit am Institut für Informatik III, Lehrstuhl für Prozeßrechentechnik, Universität Karlsruhe (in Bearbeitung)

Graham 72

R.L. Graham : An efficient algorithm for determining the convex hull of a finite planar set, IPL, 1, S. 132, 1972

Grechanovsky 83

E. Grechanovsky and I. Pinsker : An Algorithm for Moving a Computer Controlled Manipulator while Avoiding Obstacles, Proc. 8th IJCAI, Karlsruhe, 1983

Hart 68

P.E. Hart, N.J. Nilsson and B. Raphael : A Formal Basis for the Heuristic Determination of Minimum Cost Paths, IEEE Trans. on Syst. Sci. and Cyb., Vol. SSC-4, No. 2, pp 100-107, July 1968

Hasegawa 85

T. Hasegawa : Collision Avoidance Using Characterized Description of Free Space, Proc. Int. Conference on Advanced Robotics, Tokyo, Sept. 1985

Hayward 86

V. Hayward : Fast Collision Detection Scheme by Recursive Decomposition of a Manipulator Workspace, Proc. of the IEEE Int. Conf. on Robotics and Automation, San Francisco, 1986

Hoermann 85a

K. Hoermann : Planungsverfahren in der Robotik, in H. Stoyan (Ed.) : "Proc. 9th German Workshop on Artificial Intelligence, Dassel/Solling, Sept. 1985", Springer, 1986

Hoermann 85b

K. Hoermann : A Concept for an Integrated Robot Planning and Adaptive Control System, Proc. Symp. on Robot Control, Barcelona, Spain, Nov. 1985

Hoermann 86a

A. Hoermann : Ein Verfahren zum automatischen Greifen von Objekten mit Industrierobotern, Diplomarbeit am Institut für Informatik III (Lehrstuhl Prof.Dr.-Ing. U. Rembold) der Universität Karlsruhe, 1986

Hoermann 86b

K. Hoermann : A Cartesian Approach to Findpath for Industrial Robots, Proc. of the NATO Advanced Research Workshop on Languages for Sensor-Based Control in Robotics, Castelvecchio Pascoli, Italy, Sept. 1986

Hoermann 86c

K. Hoermann : Definition of the Grasp Planner, Working Paper IP-UKA-06.86/3, ESPRIT Project No. 623, University of Karlsruhe, June 1986

Hopcroft 82

J.E. Hopcroft, D.A. Joseph and S.H. Whitesides : On the Movement of Robot Arms in 2-Dimensional Bounded Regions, Techn. Rep. TR 82-486, Cornell University, Ithaca, N.Y.

Ignat´yev 73

M.B. Ignat´yev, F.M. Kulakov and A.M. Pokrovskiy : Robot Manipulator Control Algorithms, Report No. JPRS 59717, National Technical Information Service, Springfield, Va.

Khatib 78

O. Khatib and J.F. Le Maitre : Dynamic Control of Manipulators Operating in a Complex Environment, Proc Third CISM-IFToMM, Udine, Italy, Sept. 1978

Krogh 83

B.H. Krogh : Feedback Obstacle Avoidance Control, Proc. 21st Allerton Conf. Univ. of Ill., Oct. 1983

Kuntze 82

H.B. Kuntze and W. Schill : Methods for Collision Avoidance in Computer Controlled Industrial Robots, Proc. 12th ISIR, Paris, 1982

Laugier 85

C. Laugier and F. Germain : An Adaptive Collision-Free Trajectory Planner, Proc. Int. Conference on Advanced Robotics, Tokyo, Sept. 1985

Le 87 N.-M. Le : Design of the Fine Motion Planner, Working Paper IP-UKA-02.87/4, ESPRIT Project No. 623

Lozano-Perez 79

T. Lozano-Perez and M. Wesley : An Algorithm for Planning Collision-Free Paths among Polyhedral Obstacles, Comm. of the ACM 22, 1979

Lozano-Perez 80a

T. Lozano-Perez : Automatic Planning of Manipulator Transfer Movements, MIT AI Memo, Dec. 1980, auch in IEEE Transact. on Systems, Man and Cybernetics, vol SMC-11, Oct. 1981

Lozano-Perez 80b

T. Lozano-Perez : Spatial Planning : A Configuration Space Approach, MIT AI Memo No. 605, Dec. 1980, auch in IEEE Trans. on Computers, Vol. C-32, No.2, Febr. 1983

Lozano-Perez 82a

T. Lozano-Perez : Task Planning, in M. Brady et al. : Robot Motion : Planning and Control, The MIT-Press, Cambridge, Mass., 1982

Lozano-Perez 83a

T.Lozano-Perez, M.T. Mason and R.H. Taylor : Automatic Synthesis of Fine-Motion Strategies for Robots, First Int. Symposium on Robotics Research, Breton Woods, 1983

Lozano-Perez 85

T. Lozano-Perez : Motion Planning for Simple Robot Manipulators, Proc. 3rd Int. Symposium on Robotics Research, Paris, Oct. 1985

Lozano-Perez 87

T. Lozano-Perez : A Simple Motion-Planning Algorithm for General Robot Manipulators, IEEE Journal of Robotics and Automation, June 1987, Vol. RA-3, No. 3

Paul 81

R.P. Paul : Robot Manipulators : Mathematics, Programming, and Control, The MIT Press, Cambridge, Mass., 1981

Pieper 68

D.L. Pieper : The Kinematics of Manipulators under Computer Control, PhD Thesis, Dept. of Computer Science, Stanford University,1968

Preparata 77

F.P. Preparata and S.J. Hong : Convex Hulls of Finite Sets of Points in Two and Three Dimensions, Comm. of the ACM, Vol. 20, No. 2, pp 87 -93, Febr. 1977

Reif 79

J. Reif : Complexity of the Mover's Problem and Generalizations, Proc. 20th IEEE Symp. on Found. Comp. Sci., IEEE, New York, 1979

Schmidt 87

T. Schmidt : Generierung von Arbeitsraumhindernissen aus CAD-Daten (II), Studienarbeit am Institut für Informatik III, Lehrstuhl für Prozeßrechentechnik, Universität Karlsruhe (in Bearbeitung)

Schwartz 83a

J.T. Schwartz and M. Sharir : On the Piano Movers' Problem : I. The Special Case of a Rigid Polygonal Body Moving Amidst Polygonal Barriers, Comm. Pure Appl. Math. 36, 1983

Schwartz 83b

J.T. Schwartz and M. Sharir : On the Piano Movers' Problem : II. General Techniques for Computing Topological Properties of Real Algebraic Manifolds, Advances in Appl. Math. 4, 1983

Schwartz 83c

J.T. Schwartz and M. Sharir : On the Piano Movers' Problem : III. Coordinating the Motion of Several Independent Bodies : The Special Case of Circular Bodies Moving Amidst Polygonal Barriers, The Int. Journal of Robotics Research, Vol. 2, No. 3, Fall 1983

Smith 85

R.C. Smith : Fast Robot Collision Detection Using Graphics Hardware, SRI Project 7239 Technical Note, June 1985

Soetadji 86

T. Soetadji : Methode zur Lösung des Routenplanungsproblems für ein Navigationssystem eines autonomen mobilen Roboters, Dissertation, Fak. für Elektrotechnik, Universität Karlsruhe, 1986

Sperl 87

R. Sperl : Implementierung eines Verfahrens zur Planung kollisionsfreier Bahnen für sechsachsige Industrieroboter, Diplomarbeit am Institut für Informatik III, Lehrstuhl für Prozeßrechentechnik, Universität Karlsruhe

Udupa 77

S. Udupa : Collision Detection and Avoidance in Computer-Controlled Manipulators, Ph.D. diss., California Institute of Technology, 1977

Unimation 86

PUMA 200 Series Equipment Manual, Unimation, Inc., Danbury, CT 06810, 1986

Informatik – Fachberichte

Band 79: Programmierumgebungen: Entwicklungswerkzeuge und Programmiersprachen. Herausgegeben von W. Sammer und W. Remmele. VIII, 236 Seiten. 1984.

Band 80: Neue Informationstechnologien und Verwaltung. Proceedings, 1983. Herausgegeben von R. Traunmüller, H. Fiedler, K. Grimmer und H. Reinermann. XI, 402 Seiten. 1984.

Band 81: Koordinaten von Informationen. Proceedings, 1983. Herausgegeben von R. Kuhlen. VI, 366 Seiten. 1984.

Band 82: A. Bode, Mikroarchitekturen und Mikroprogrammierung: Formale Beschreibung und Optimierung, 6, 7-227 Seiten. 1984.

Band 83: Software-Fehlertoleranz und -Zuverlässigkeit. Herausgegeben von F. Belli, S. Pfleger und M. Seifert. VII, 297 Seiten. 1984.

Band 84: Fehlertolerierende Rechensysteme. 2. GI/NTG/GMR-Fachtagung, Bonn 1984. Herausgegeben von K.-E. Großpietsch und M. Dal Cin. X, 433 Seiten. 1984.

Band 85: Simulationstechnik. Proceedings, 1984. Herausgegeben von F. Breitenecker und W. Kleinert. XII, 676 Seiten. 1984.

Band 86: Prozeßrechner 1984. 4. GI/GMR/KfK-Fachtagung, Karlsruhe, September 1984. Herausgegeben von H. Trauboth und A. Jaeschke. XII, 710 Seiten. 1984.

Band 87: Musterkennung 1984. Proceedings, 1984. Herausgegeben von W. Kropatsch. IX, 351 Seiten. 1984.

Band 88: GI–14. Jahrestagung. Braunschweig. Oktober 1984. Proceedings. Herausgegeben von H.-D. Ehrich. IX, 451 Seiten. 1984.

Band 89: Fachgespräche auf der 14. GI-Jahrestagung. Braunschweig, Oktober 1984. Herausgegeben von H.-D. Ehrich. V, 267 Seiten. 1984.

Band 90: Informatik als Herausforderung an Schule und Ausbildung. GI-Fachtagung, Berlin, Oktober 1984. Herausgegeben von W. Arlt und K. Haefner. X, 416 Seiten. 1984.

Band 91: H. Stoyan, Maschinen-unabhängige Code-Erzeugung als semantikerhaltende beweisbare Programmtransformation. IV, 365 Seiten. 1984.

Band 92: Offene Multifunktionale Büroarbeitsplätze. Proceedings, 1984. Herausgegeben von F. Krückeberg, S. Schindler und O. Spaniol. VI, 335 Seiten. 1985.

Band 93: Künstliche Intelligenz. Frühjahrsschule Dassel, März 1984. Herausgegeben von C. Habel. VII, 320 Seiten. 1985.

Band 94: Datenbank-Systeme für Büro, Technik und Wirtschaft. Proceedings, 1985. Herausgegeben von A. Blaser und P. Pistor. X, 519 Seiten. 1985

Band 95: Kommunikation in Verteilten Systemen I. GI-NTG-Fachtagung, Karlsruhe, März 1985. Herausgegeben von D. Heger, G. Krüger, O. Spaniol und W. Zorn. IX, 691 Seiten. 1985.

Band 96: Organisation und Betrieb der Informationsverarbeitung. Proceedings, 1985. Herausgegeben von W. Dirlewanger. XI, 261 Seiten. 1985.

Band 97: H. Willmer, Systematische Software-Qualitätssicherung anhand von Qualitäts- und Produktmodellen. VII, 162 Seiten. 1985.

Band 98: Öffentliche Verwaltung und Informationstechnik. Neue Möglichkeiten, neue Probleme, neue Perspektiven. Proceedings, 1984. Herausgegeben von H. Reinermann, H. Fiedler, K. Grimmer, K. Lenk und R. Traunmüller. X, 396 Seiten. 1985.

Band 99: K. Küspert, Fehlererkennung und Fehlerbehandlung in Speicherungsstrukturen von Datenbanksystemen. IX, 294 Seiten. 1985.

Band 100: W. Lamersdorf, Semantische Repräsentation komplexer Objektstrukturen. IX, 187 Seiten. 1985.

Band 101: J. Koch, Relationale Anfragen. VIII, 147 Seiten. 1985.

Band 102: H.-J. Appelrath, Von Datenbanken zu Expertensystemen. VI, 159 Seiten. 1985.

Band 103: GWAI-84. 8th German Workshop on Artificial Intelligence. Wingst/Stade, October 1984. Edited by J. Laubsch. VIII, 282 Seiten. 1985.

Band 104: G. Sagerer, Darstellung und Nutzung von Expertenwissen für ein Bildanalysesystem. XIII, 270 Seiten. 1985.

Band 105: G. E. Maier, Exceptionbehandlung und Synchronisation. IV, 359 Seiten. 1985.

Band 106: Österreichische Artificial Intelligence Tagung. Wien, September 1985. Herausgegeben von H. Trost und J. Retti. VIII, 211 Seiten. 1985.

Band 107: Mustererkennung 1985. Proceedings, 1985. Herausgegeben von H. Niemann. XIII, 338 Seiten. 1985.

Band 108: GI/OCG/ÖGJ-Jahrestagung 1985. Wien, September 1985. Herausgegeben von H. R. Hansen. XVII, 1086 Seiten. 1985.

Band 109: Simulationstechnik. Proceedings, 1985. Herausgegeben von D. P. F. Möller. XIV, 539 Seiten. 1985.

Band 110: Messung, Modellierung und Bewertung von Rechensystemen. 3. GI/NTG-Fachtagung, Dortmund, Oktober 1985. Herausgegeben von H. Beilner. X, 389 Seiten. 1985.

Band 111: Kommunikation in Verteilten Systemen II. GI/NTG-Fachtagung, Karlsruhe, März 1985. Herausgegeben von D. Heger, G. Krüger, O. Spaniol und W. Zorn. XII, 236 Seiten. 1985.

Band 112: Wissensbasierte Systeme. GI-Kongreß 1985. Herausgegeben von W. Brauer und B. Radig. XVI, 402 Seiten, 1985.

Band 113: Datenschutz und Datensicherung im Wandel der Informationstechnologien. 1. GI-Fachtagung, München, Oktober 1985. Proceedings, 1985. Herausgegeben von P. P. Spies. VIII, 257 Seiten. 1985.

Band 114: Sprachverarbeitung in Information und Dokumentation. Proceedings, 1985. Herausgegeben von B. Endres-Niggemeyer und J. Krause. VIII, 234 Seiten. 1985.

Band 115: A. Kobsa, Benutzermodellierung in Dialogsystemen. XV, 204 Seiten. 1985.

Band 116: Recent Trends in Data Type Specification. Edited by H.-J. Kreowski. VII, 253 pages. 1985.

Band 117: J. Röhrich, Parallele Systeme. XI, 152 Seiten. 1986.

Band 118: GWAI-85. 9th German Workshop on Artificial Intelligence. Dassel/Solling, September 1985. Edited by H. Stoyan. X, 471 pages. 1986.

Band 119: Graphik in Dokumenten. GI-Fachgespräch, Bremen, März 1986. Herausgegeben von F. Nake. X, 154 Seiten. 1986.

Band 120: Kognitive Aspekte der Mensch-Computer-Interaktion. Herausgegeben von G. Dirlich, C. Freksa, U. Schwatlo und K. Wimmer. VIII, 190 Seiten. 1986.

Band 121: K. Echtle, Fehlermaskierung durch verteilte Systeme. X, 232 Seiten. 1986.

Band 122: Ch. Habel, Prinzipien der Referentialität. Untersuchungen zur propositionalen Repräsentation von Wissen. X, 308 Seiten. 1986.

Band 123: Arbeit und Informationstechnik. GI–Fachtagung. Proceedings, 1986. Herausgegeben von K. T. Schröder. IX, 435 Seiten. 1986.

Band 124: GWAI-86 und 2. Österreichische Artificial-Intelligence-Tagung. Ottenstein/Niederösterreich, September 1986. Herausgegeben von C.-R. Rollinger und W. Horn. X, 360 Seiten. 1986.

Band 125: Mustererkennung 1986. 8. DAGM-Symposium, Paderborn, September/Oktober 1986. Herausgegeben von G. Hartmann. XII, 294 Seiten, 1986.

Band 126: GI-16. Jahrestagung. Informatik-Anwendungen – Trends und Perspektiven. Berlin, Oktober 1986. Herausgegeben von G. Hommel und S. Schindler. XVII, 703 Seiten. 1986.

Band 127: GI-17. Jahrestagung. Informatik-Anwendungen – Trends und Perspektiven. Berlin, Oktober 1986. Herausgegeben von G. Hommel und S. Schindler. XVII, 685 Seiten. 1986.

Band 128: W. Benn, Dynamische nicht-normalisierte Relationen und symbolische Bildbeschreibung. XIV, 153 Seiten. 1986.

Band 129: Informatik-Grundbildung in Schule und Beruf. GI–Fachtagung, Kaiserslautern, September/Oktober 1986. Herausgegeben von E. v. Puttkamer. XII, 486 Seiten. 1986.

Band 130: Kommunikation in Verteilten Systemen. GI/NTG-Fachtagung, Aachen, Februar 1987. Herausgegeben von N. Gerner und O. Spaniol. XII, 812 Seiten. 1987.

Band 131: W. Scherl, Bildanalyse allgemeiner Dokumente. XI, 205 Seiten. 1987.

Band 132: R. Studer, Konzepte für eine verteilte wissensbasierte Softwareproduktionsumgebung. XI, 272 Seiten. 1987.

Band 133: B. Freisleben, Mechanismen zur Synchronisation paralleler Prozesse. VIII, 357 Seiten. 1987.

Band 134: Organisation und Betrieb der verteilten Datenverarbeitung. 7. GI-Fachgespräch, München, März 1987. Herausgegeben von F. Peischl. VIII, 219 Seiten. 1987.

Band 135: A. Meier, Erweiterung relationaler Datenbanksysteme für technische Anwendungen. IV, 141 Seiten. 1987.

Band 136: Datenbanksysteme in Büro, Technik und Wissenschaft. GI–Fachtagung, Darmstadt, April 1987. Proceedings. Herausgegeben von H.-J. Schek und G. Schlageter. XII, 491 Seiten. 1987.

Band 137: D. Lienert, Die Konfigurierung modular aufgebauter Datenbanksysteme. IX, 214 Seiten. 1987.

Band 138: R. Männer, Entwurf und Realisierung eines Multiprozessors. Das System „Heidelberger POLYP". XI, 217 Seiten. 1987.

Band 139: M. Marhöfer, Fehlerdiagnose für Schaltnetze aus Modulen mit partiell injektiven Pfadfunktionen. XIII, 172 Seiten. 1987.

Band 140: H.-J. Wunderlich, Probabilistische Verfahren für den Test hochintegrierter Schaltungen. XII, 133 Seiten. 1987.

Band 141: E. G. Schukat-Talamazzini, Generierung von Worthypothesen in kontinuierlicher Sprache. XI, 142 Seiten. 1987.

Band 142: H.-J. Novak, Textgenerierung aus visuellen Daten: Beschreibungen von Straßenszenen. XII, 143 Seiten. 1987.

Band 143: R. R. Wagner, R. Traunmüller, H. C. Mayr (Hrsg.), Informationsbedarfsermittlung und -analyse für den Entwurf von Informationssystemen. Fachtagung EMISA, Linz, Juli 1987. VIII, 257 Seiten. 1987.

Band 144: H. Oberquelle, Sprachkonzepte für benutzergerechte Systeme. XI, 315 Seiten. 1987.

Band 145: K. Rothermel, Kommunikationskonzepte für verteilte transaktionsorientierte Systeme. XI, 224 Seiten. 1987.

Band 146: W. Damm, Entwurf und Verifikation mikroprogrammierter Rechnerarchitekturen. VIII, 327 Seiten. 1987.

Band 147: F. Belli, W. Görke (Hrsg.), Fehlertolerierende Rechsysteme / Fault-Tolerant Computing Systems. 3. Internationale ITG/GMA-Fachtagung, Bremerhaven, September 1987. Proceings. XI, 389 Seiten. 1987.

Band 148: F. Puppe, Diagnostisches Problemlösen mit Expertsystemen. IX, 257 Seiten. 1987.

Band 149: E. Paulus (Hrsg.), Mustererkennung 1987. 9. DAG Symposium, Braunschweig, Sept./Okt. 1987. Proceedings. X 324 Seiten. 1987.

Band 150: J. Halin (Hrsg.), Simulationstechnik. 4. Symposi Zürich, September 1987. Proceedings. XIV, 690 Seiten. 1987.

Band 151: E. Buchberger, J. Retti (Hrsg.), 3. Österreichische Aficial-Intelligence-Tagung. Wien, September 1987. Proceedin VIII, 181 Seiten. 1987.

Band 152: K. Morik (Ed.), GWAI-87. 11th German Workshop Artificial Intelligence. Geseke, Sept./Okt. 1987. Proceedings. 405 Seiten. 1987.

Band 153: D. Meyer-Ebrecht (Hrsg.), ASST'87. 6. Aachener Sy posium für Signaltheorie. Aachen, September 1987. Proceeding XII, 390 Seiten. 1987.

Band 154: U. Herzog, M. Paterok (Hrsg.), Messung, Modellierur und Bewertung von Rechensystemen. 4. GI/ITG-Fachtagung, E langen, Sept./Okt. 1987. Proceedings. XI, 300 Seiten. 1987.

Band 155: W. Brauer, W. Wahlster (Hrsg.), Wissensbasierte S steme. 2. Internationaler GI-Kongreß, München, Oktober 1987. XI 432 Seiten. 1987.

Band 156: M. Paul (Hrsg.), GI – 17. Jahrestagung. Computerinte grierter Arbeitsplatz im Büro. München, Oktober 1987. Proceed ings. XIII, 934 Seiten. 1987.

Band 157: U. Mahn, Attributierte Grammatiken und Attributierungs algorithmen. IX, 272 Seiten. 1988.

Band 159: Th. Christaller, H.-W. Hein, M. M. Richter (Hrsg.), Künst liche Intelligenz. Frühjahrsschulen, Dassel, 1985 und 1986. VII, 342 Seiten. 1988.

Band 160: H. Mäncher, Fehlertolerante dezentrale Prozeßautomatisierung. XVI, 243 Seiten. 1987.

Band 161: P. Peinl, Synchronisation in zentralisierten Datenbanksystemen. XII, 227 Seiten. 1987.

Band 162: H. Stoyan (Hrsg.), Begründungsverwaltung. Proceedings, 1986. VII, 153 Seiten. 1988.

Band 163: H. Müller, Realistische Computergraphik. VII, 146 Seiten. 1988.

Band 164: M. Eulenstein, Generierung portabler Compiler. X, 235 Seiten. 1988.

Band 165: H.-U. Heiß, Überlast in Rechensystemen. IX, 176 Seiten. 1988.

Band 166: K. Hörmann, Kollisionsfreie Bahnen für Industrieroboter. XII, 157 Seiten. 1988.

Band 167: R. Lauber (Hrsg.), Prozeßrechensysteme '88. Stuttgart, März 1988. Proceedings. XIV, 799 Seiten. 1988.

Band 168: U. Kastens, F. J. Rammig (Hrsg.), Architektur und Betrieb von Rechensystemen. 10. GI/ITG-Fachtagung, Paderborn, März 1988. Proceedings. IX, 405 Seiten. 1988.

Band 169: G. Heyer, J. Krems, G. Görz (Hrsg.), Wissensarten und ihre Darstellung. VIII, 292 Seiten. 1988.